孫子算経から
高木類体論へ

－ 割算の余りの物語 －

大沢 健夫 著

血 現代数学社

　この本は整数論小史の一つの試みとして，「割算のはなし」の題
で『現代数学』の 2022 年 9 月号から 2023 年 8 月号まで 12 回に
わたって連載したものの単行本化です．最初は読者として数学
に興味を持ち始めた中学生や高校生を想定したのですが，書き
進むうちに学校の先生方にも読んでいただきたいことが増えてい
きました．実のところ，連載の初回は最初 2020 年に中学生向け
の講座の一コマとして準備したものでしたが，コロナ禍のため
それが中止になり，浮いた原稿を眺めているうちに「続きを書い
たらどうなるだろう？」と思って書き継いだものが連載の元にな
りました．最初の話は整数論というよりもゲーム理論に属する
話ですが，物や仕事を公平に分配する問題だったので，それを
糸口にして整数論の展開の一断面を書いてみようと思い立った
わけです．話は古代の孫子算経（割算の余り）やユークリッドの
互除法などを発端に時系列をたどることにしましたが，2022 年
は日本の数学にとってある意味で記念すべき出来事（本文参照）
から 400 年目であることに鑑み，和算からも題材を拾いました．
和算家の久留島とスイス出身のオイラーの仕事が交錯するあた
りから，話は素数の分布や素数を素数で割った余りの法則性を
めぐる本格的な研究へと進み，数の体系を拡げて素因数分解を
論じる代数学やニュートンとライプニッツが創始した微積分学
を織り交ぜながら述べてみました．最後の第 12 話ではユーク
リッドに戻り，角錐の体積を糸口にして図形の分割に関連する
話を紹介しました．これも割算がらみのつもりです．数式の緻
密な計算や定理の厳密な証明がないので教科書ではないのです

が，それでも細部の議論にこだわって書いたため，普通の読み物でもありません．とはいえこの中途半端で変わった書き物の中に，前世紀の日本の数学を代表する高木貞治先生の名著『近世数学史談』を補足する意味合いが少しでもあれば幸いです．著者の浅学非才のため，整数論の話はガウスを始めとするドイツの数学者たちの仕事を紹介するのがやっとで，有名な高木類体論については姿を垣間見るところまでしか進めませんでしたが，インターネットで情報の収集が容易になった昨今，興味をお持ちの方はぜひ本書の先にある整数論や関連する話題にも触れていただければと思います．

2023 年 10 月 9 日　名古屋にて　　　大沢健夫

目　次

第 **1** 話

　現代数学の基礎である集合論を創始した大数学者 G. カントール
は,「数学の本質はその自由性にある」と言いました．自由な心の
働きは感情，意欲を離れては無いものです．「人の中心は情緒であ
る」と言った数学者がいました．独創的なアイディアで多変数関
数論の三大難問を解決した岡潔です．岡はこれに続けて「数学な
んかをして人類にどういうご利益があるのだと問う人に対しては,
スミレはただスミレのように咲けばよいのであって，そのことが春
の野にどのような影響があろうと，スミレのあずかり知らないこ
とだと答えて来た」と述べています．数学は人間の所業であり，芸
術的な完璧さを持つ一方でどこか論理的に整理しつくせない所が
あります．筆者はあまりパッとしないながらも数学の研究を仕事
としてきた者の一人ですが，数学のこういう微妙な味わいは，研
究の最前線だけでなく，初等的な数学の授業でも伝わるものでは
ないかと思います．そんな筆者が最近,「割算書」という古い本の
序文の中で,「言い得て妙」と思った言葉を見つけました．割算書は

毛利重能という人が書いた本です[1]．そこでその出版後 400 年めの
記念として，割り算に関連する物語を書いてみたいと思いました．
今回は割算書にちなむ話を紹介し，次回からは素因数分解に関連
する古典的な理論をたどってみたいと思います．話の都合上数式
を使う部分もありますが，そこは適当に飛ばしながら自由に読ん
で頂ければ幸いです．

▰▰ **400 年前の九九** ▰▰

　2020 年の 1 月に始まるコロナ禍により世界は大きく変貌しまし
たが，ワクチンの開発をはじめ，この厄災から抜け出すために多
くの人々が真剣な努力を続けています[2]．明るい未来を切り開くた
め，自然災害であれ国際紛争であれ，解決すべき問題はいつの時
代にも存在しました．今日の社会では，その多くは科学なくして
は解決できません．そして，数学はこの科学の重要な一端を担っ
ています．

　世界の数学界で最も重要な会議である ICM（国際数学者会議）
は，1893 年にコロンブスのアメリカ大陸発見 400 周年を記念して
始められましたが[3]，1954 年，オランダのアムステルダムで開催
された ICM では「洪水災害が提起する数学的諸問題」と題された
全体講演が行われました．講演者のファン・ダンツィヒ教授は幾

---

[1]　著者名のある本としては日本で最古の数学書の一つ（後でやや詳しく述べる）．

[2]　2023 年度のノーベル賞（医学・生理学）はこの分野だった．

[3]　正式には 1897 年にスイスのチューリヒで開かれた ICM が第一回．

何学の分野で有名ですが，この講演で費用対効果の理論の創始者としても知られるようになりました．この講演の冒頭に「数学は災害をなくすことはできないが，被害を軽減することができる」という言葉がありますが，これは 2011 年の東日本大震災の時にはどうだったでしょうか．津波の高さを予測する任に当たった人たちは 15 メートル以上という計算結果を出していたのですが．とはいえ，物理学者の寺田寅彦が言った「天災は忘れたころにやってくる」という名言の通り，一般に災害の予測は困難です．ファン・ダンツィヒの講演もその前年オランダを襲った北海高潮災害を受けてのことで，費用対効果の考えは大規模な防潮堤の建設計画から生まれたものでした．

　コロナ禍により私たちの生活は今まで以上にコンピュータを中心とする情報技術に大きく依存するようになりました．中でもテレワークの普及はコンピュータ技術の進歩に支えられていますが，理論的なモデルであるチューリングマシンが 1936 年に考案され，初期の有名な電子計算機である ENIAC の誕生が 1946 年であったことを思えば，変化の激しさには驚嘆の念を禁じえません[※4]．

　ENIAC は第二次世界大戦中に米国の陸軍によって，弾道計算の効率化を図るために設計されました．このような計算，つまり砲弾を命中させるための砲身の角度と火薬量を求める計算の原理は，今から 400 年以上前にイタリアの大科学者であるガリレオ・ガリレイによって発見された慣性と落体の法則ですが，これがア

[※4] 戦争のため長く知られなかったが，ドイツの技師ツーゼ（Konrad Zuse 1910-95）は世界初の完全動作するプログラム制御式コンピュータを開発し，1941 年 5 月に稼働させていた．

イザック・ニュートンにより数学的に洗練され，太陽や月と星々の運行を支配する万有引力の発見につながったことはよく知られています．ちなみに，ニュートンはペストが大流行した 1665 年にリンゴが木から落ちるのを見てこれに気づいたとされます．今回のコロナ禍が後の世に何かの大発見とともに記憶されるかはさておき，ガリレイが 1633 年の宗教裁判のあとでつぶやいたという「それでも地球は動いている」という言葉に，今日なお共感を覚える科学者は多いでしょう．

西洋中心のその科学の動きに日本が積極的に参加するようになったのは 100 年くらい前からです．この遅れの主な原因は鎖国 (1639‑1854) でしたが，反面，国内の平和が保たれたその期間に日本独自の文化が育まれました．数学も，算聖と称賛される関孝和を頂点とする多くの俊才たちの力で和算とよばれる高度な学問として成長し，産業や技術の発展を支えました．その成果の具体例として，日本製のカレンダーとして最初のものである渋川春海の貞享暦や，幕末に来朝した西欧使節らを驚かせた世界の伊能忠敬の大日本沿海輿地全図を挙げることができます．和算は明治以後の西洋化の流れの中で滅びてしまいましたが，西洋文明を消化吸収するためにも役立ったとされます．日本独自の数学が継承されなかったのは残念ですが，後の研究によって関孝和の研究の一部が当時の西洋の水準を凌いでいたことが判明しています．

関孝和の先達にあたる人たちの中では，吉田光由[※5]，今村知

[※5] 大ベストセラーである「塵劫記（じんこうき）」の著者

商※6，高原吉種※7 が有名ですが，彼らを教えたといわれるのが毛利重能※8 で，この人が 1622 年に出版した「割算書」と呼ばれる書物※9 は，著者名のある日本の数学書中で最古のものの一つです※10．毛利重能の生涯については詳しくは分かりません．明に二度留学したという話がありますが，「日本の数学（小倉金之助，岩波新書，1940）」によれば何の根拠もない伝説です．そのレベルの話としては，最近では明から渡来した黄友賢という名の学者だったという説もあったそうです※11．明との関係については，貿易船に便乗して渡航し，数か月間滞在したことがあったと想像することもできたでしょう．とはいえ諸説を総合すると，はじめは池田輝政（姫路城を創建）に仕えた後，おそらく才能を見込まれて豊臣家の臣となったものの，大坂の陣で豊臣家が滅びたので京都に移り，塾を開いて暮らしていた人だろうと思われます．今の甲子園の辺りの出身で，京都で優秀な弟子たちを育てたことは確かなようです．割算書の最後には署名とハンコ付きで「割り算の天下一と号する者なり」という自賛があります．割算書は数冊しか残って

※6 円理の先駆的な研究をし，「竪亥録（じゅがいろく）」を著した．

※7 関孝和の先生

※8 関孝和の弟子の荒木村英の非公式な談話による．

※9 表紙が失われているが内容の特徴からこう呼ばれる．

※10 同じ年に出された百川治兵衛著「諸勘分物」とともに，これは 1610 年ごろ刊行された著者不明の「算用記」を下敷きにしている．

※11 田村三郎・下浦康邦 天理本「算用記」について 数理解析研究所講究録 1064巻 1998 年 41-62.

いない稀覯本ですが，昭和31年に解説付きで復刻されました[※12]．内容は八算と呼ばれる割り算の九九に始まり，両替や検地などの実用的な例題が集められています．

　この割り算の九九というものは，そろばんを使って計算するときに覚えておくと便利なもので，以前は小学校でも教えられていました．割算書ではこれが「二一天作五」で始まっていますが，これは「$10 \div 2 = 5$」の意味です．そろばんでは先頭の桁が1であるときに次の桁に5を入れて1をはらうという操作になります．「三一三十一」は「$10 \div 3 = 3$　余り1」ですが，「二進一十」は「$2 \div 2 = 1$」の意味になり，操作としては割られる数の所にある2をはらって商を表す桁に1を入れることになります．たとえば$12 \div 2 = 6$であれば

　　そろばんに12をおく．わる数の二の段でわられる数12の先頭の数を見て，二一天作五と1を5にして1をはらう．次にわられる数の残り2を見て，二進一十と2をはらって10をいれる．すると答えが6となる．

といった調子です．電卓が普及するとともにそろばんは日常生活では使われなくなりましたが，フラッシュ暗算などと共に頭脳の訓練として今でも人気の習い事です．ちなみに，昔は「二進」を「にっちん」と読んだそうで，「にっちもさっちも」という言い方はここから来ています．確かに「割り切れない」より強く「何で割っても割り切れない」という言い方は，行き詰って進めない気分にぴったり

[※12]　割算書（1956）　毛利重能（著），日本珠算連盟（編集），山田孝雄

かもしれません.

　ところで割算書の序文が次の文章で始まっていることは有名です.

　　夫割算と云は，壽天屋邊連と云所に智恵万徳を備はれる名木
　　有. 此木に百味之含霊菓，一生一切人間の初，夫婦二人有故，
　　是を其時二に割初より此方割算と云事有[※13].

　これはキリスト教の旧約聖書にある，アダムとイブが蛇にそそのかされて知恵の木の実を口にしたためにエデンの園から追放されてしまったという有名な話です. 壽天屋邊連は「ユダヤのベツレヘム」をポルトガル式に言った "Judea Belem" から来ています. 1612 年に徳川家康により禁教令が出されていたことを思えば，こんなことを書くと咎められたはずで，毛利重能の事績は実際は公式には全く残されていません. 重能の弟子とされる吉田光由が自身では師の名を明らかにしていないのも，それがはばかられたからでしょう. それにしても割り算の話をリンゴの分割から始めるとはいかにも奇抜で，読者の興味を大いに引いたに違いありません. 序文の最後では「儒道仏道医道何れも算勘之専也」と，是非この本で算学を学んでほしいと強く勧誘しています. 実はこの「算勘之専」こそ，筆者が長年求めていた言葉でした[※14]. 重能が「幾何学

[※13] それわりざんというは，しゅてんやへれんというところにちえばんとくをそなわれるめいぼくあり，このきにひゃくみのかんれいのこのみあり，いっしょういっさいにんげんのはじめ，ふうふふたりあるゆえ，これをそのときふたつにわりそむるよりこのかたわりざんということあり.

[※14] 佐々木力氏の大著［佐々木］でもこの言葉が紹介されている.

を知らざるものは入るべからず」という古代ギリシャの大哲学者プラトンに由来する言葉を知っていたかどうかは別にして，割算書には日本の数学の祖たるにふさわしい情熱が現れていると筆者は思います．権力による弾圧を受けることをおそらくは知りながら，あえて著者名を公にした理由もその辺にあったのかもしれません．さすがは「割算の天下一」というべきでしょうか．最後の方では平方根にふれてありますが，重能の後継者たちが開発した立方根や円弧の長さの計算法などは和算の有名な成果です．

　さて，割り算の計算では商と余りを出しますが，その結果は物を公平に分配するために役立ちます．物の分け方は様々ですが，二人が物を二つに分けて一つずつ取る場合，どちらも全体の半分以上もらったと納得できる分け方があります．これは紀元前から知られていますが，片方がちょうど半分ずつと思えるように分け，他方が好きな方を選ぶというものです．分けるものがリンゴだとこの方法は実際には無理でしょうが，砂金などであれば有効かもしれません．

　では三人ではどうでしょうか．驚いたことにこの問題が解かれたのは何と第 2 次世界大戦中のことで，ポーランドの数学者シュタインハウス[※15]によってでした．これ以後，「公平な分配法」は数学の問題としてだけでなく経済学や政治学の文脈でも研究され，実用にも供されるようになりました．次節ではその一端にふれてみましょう．

[※15]　H.Steinhaus(1887-1972).解析学の大家で関数解析の研究で名高いが，天才バナッハ（後出）の発見者としても有名である．

公平な分け方

　砂金の山を三人で公平に分けるには秤を使えばよいわけですが，手を使って分けるしかない状況もありうるでしょう．もっと起こりうる状況は財産の分割で，二人の場合の上の解決法が旧約聖書に書かれています．日本でも 13 世紀に荘園内の田，畑，山林の分配について同様の解決法が用いられたことが知られてます※16．そんな時にどんな工夫をすればよいかというのが問題です．シュタインハウスはこれをケーキをナイフで切り分ける問題として解きました（cf. [S-1,2,3]，[曽・茨木]）．

　この話を筆者は高校生の時 [S-3] を読んだ同級生に教えてもらいました．その時話題になったのは二人の場合だけだったのですが，頓智話のような解決法にたいへん感心したことを覚えています．あるとき作文の試験で「協調と妥協」という題が出されたのでこの話をマクラにして思うことを自由に述べたところ，その後の面接で試験官の先生に大いに褒められて恐縮したことがありました．その時念頭にあったのは「公平な富の分配は多人数になればなるほど難しくなる」ということで，勝手な推測で「三人以上の場合は公平な分配法はない」と書いて議論を進めたのですが，実はそれは大変な間違いでした．シュタインハウスは三人の場合も公平な分配法を見つけていて，そこから多くの研究結果を含む理論が現在も発展中なのです．最近ようやく知ったその事情の一部を以下で紹介しますが，まず三人の場合の公平分配法を砂金わけの形で述べましょう．

※16　高重進（1982）「中世日本における村落と小村」　谷岡武雄，浮田典良編『歴史地理学プロシーディングス』p.62.

9

A, B, C の三名が砂金の山 G を，誰もが自分の取り分が $\frac{1}{3}$ 以上であると納得できるように分ける（一つの）方法：

まず A が G を，自分がどれを取っても不満がないように 3 つに分ける．

B と C はそれぞれ 3 つの小山のうち，自分にとって最も価値の少ないものを名指しする．

1. 両者の選択が一致した場合，それを A が取り，残りの二つの小山の各々を B と C で分ける．

2. 一致しなかった場合，B が選んだ小山を A と C で分け，C が選んだ小山を A と B で分ける．残りの一つを B と C で分ける．

この通りまったく簡単なものですが，これは最近になって昔書いた試験の答案が気になって仕方なくなり，定年退職後の暇に任せて考えてみたら分かったことでもありました．このこと自体は嬉しく思いましたが，この方法が四人の場合に拡張できるかどうかの見当は全くつきませんでした．そこで改めて文献を調べてみたところ，上と本質的に同等なシュタインハウスの解法が見つかり，その先を読んで非常に有名な問題だったことを知って驚いたというわけです．これはシュタインハウスの 1948 年の論文 [S-1] にちなんで「公平分割問題」（fair division problem）または「公平ケーキカット問題」（fair cake-cutting）と呼ばれています．

四人以上の場合ですが，論文 [S-2] によればシュタインハウスはこの時には公平分割が存在しないだろうという予想も含めて，

問題を弟子のバナッハ[※17]とクナスター[※18]に与えました[※19]. とこ
ろが数日後, 彼らは驚くほど簡単な答を発見しました. [S-1,3]
に書かれたその方法は次の通りです.

$A_1, \cdots, A_n$ の n 名が公平にケーキカットをする方法:

A_1 は自分が $\dfrac{1}{n}$ 以上と思える部分 (C_1 と呼ぶ) を切り取り,

ナイフを A_2 に渡す.

A_2 はそれが自分の基準で $\dfrac{1}{n}$ 未満だと思えば何もせずにナイフ

を A_3 に渡し, そうでなければそのケーキ片をカットして $\dfrac{1}{n}$ 以

上と思える部分を残してから A_3 にナイフを渡す. (ちょうど

$\dfrac{1}{n}$ だと思えばカットしなくてもよい.)

A_3 以下 A_n まで A_2 と同様に進み, A_1 から A_n までのうち最後

にナイフを使った者 X が, C_1 から切り残された (X が $\dfrac{1}{n}$ 以上と

[※17] Stefan Banach (1892-1945)

[※18] Bronisław Knaster (1893-1980)

[※19] これは 1944 年のことで, 同年 8 月にポーランドの首都ワルシャワは戦火で灰塵
に帰し, ユダヤ系のシュタインハウスは現在のウクライナ領で偽名を使って生計を立
てていた.

認めた）ケーキ片を受け取る．

最初の n 名から X を除いた $n-1$ 名で残ったケーキを分ける．

　この方法では「最後にカットした者がその一切れを取る」という
ことですから，$n\,(>2)$ 人の場合最初の一切れが取られるまでに最
悪 n 回カットが入ると考えます．これを実際のパーティーの場で
応用するのは物理的な制約から難しいでしょうが，考え方そのも
のは様々な場面で応用できそうです．良い例とは言えないかもし
れませんが，第二次世界大戦後のドイツの領土を西側と東側に分
割する際，この考え方が使われたと言われています[20]．バナッハ・
クナスターの解は見事だとはいえ，一人が全体を等分することか
ら始めるのは無理なのかという素朴な疑問が残りますが，これに
ついてはゲーム理論で有名なクーンが 1967 年の論文で与えた率直
な拡張により解決されました[21]．
　このように，公平分割には種々のやり方があって一長一短があ
りえるというわけですが，その結果，例えば「ケーキを切る最小
回数およびそれを実現する方法」という問題が自然に現れます．二
人の場合は一回で済みますが，三人の場合だとシュタインハウス
法では四回，バナッハ・クナスター法では四回必要になる場合

---

[20]　Brams, S. J. and Taylor, A.D., *Fair Division : From Cake-Cutting to Dispute Reso-lution*, Cambridge University Press, 1996.

[21]　Kuhn,H., *On games of fair division*, Martin Shubik (ed.), Essays in Mathematical Economics in Honor of Oskar Morgenstern, Princeton University Press (1967), 29-37.

があります．n 人ですとバナッハ・クナスター法では最悪の場合 $\dfrac{n(n+1)}{2}-2$ 回ですがイーブンとパズは計算の複雑さの見積と同様のアプローチでバナッハ・クナスター法の改良を提案し，回数をもっと少なくすることに成功しています[※22]．

　一般に何かがうまくいった後では，「この場合はどうか，あの場合はどうか」という話で盛り上がることがよくあります．学会で質問攻めに合っている人はたいていの場合成功者です．公平分割の問題も良い意味で尾ひれが沢山つくことになりました．たとえば分けるものがケーキや砂金ではなく皆で分担しなければならない仕事であったとすれば，公平さの判定基準は「各自の分担量がすべての当事者たちから $\dfrac{1}{n}$ 以上と認められる」ということになるでしょう．ということは，「分割が同時に達成できる公平性の数」といったことまでが問題になりえます．例えば共同でアパートを借りるときの部屋と家賃を同時に分割する問題などが論じられ[※23]「多重公平分割の概念」なるものが導入されています[※24] が，詳しくはよくまとまった解説［曽・茨木］に譲りたいと思います．上の話でもしばしばこれを参考にしました．

　リンゴの二分割を発端にして思いがけないところへ話が進んで

[※22] Even, S. and Paz, A., *A note on cake cutting*, Discrete Applied Mathematics 7 (1984), 285-296. これによれば回数は $n \log n$ と同程度の大きさにできる．

[※23] Su,F.E., *Rental harmony : Sperner's lemma in fair division*, American Mathematical Monthly 106（1999）, 930-942.

[※24] Zeng, D.-Z., *Approximat envy-free procedures*, Game Practice（edited by Garcia-Jurado I., Patrone F. and Tijs S.）, Kluwer Academic Press（2000）, 259-271.

しまいましたが，商工業の発達が計算法の工夫を生んだように，公平分割に伴う種々の計算からもきっと新しい数学の芽が育つと思います．というところで今回の話は一段落とし，次回は話の方向を古典的な純粋数学へと変え，割り算の余りについて，中国の古い数学書である『孫子算経』で解説された問題をもとにして，二三の話題を集めてみたいと思います．

参考文献

[佐々木] 佐々木力　日本数学史　岩波書店　2022.

[S-1] Steinhaus, H., *The problem of fair division*, Econometrica, **16** (1948), 101-104.

[S-2] ——, *Sur la division pragmatique*, Econometrica, Supplement **17** (1949), 315-319.

[S-3] ——, *Mathematical Snapshots*, (Galaxy Books) Oxford Univ. Press; 3rd edition (1983) (数学スナップショット　遠山啓訳　紀伊國屋書店　1957. 新装版 1976)

[曽・茨木]　曽道智　茨木俊秀　**公平分割とその手順**　応用数理　**9** (1) (1999), 12-27.

第 **2** 話

━━ 一つの仮説 ━━

　前回は毛利重能の「割算書」にちなんだ話をきっかけにして，公平分割の問題とその解答例について述べました．今回は「割り算の余り」に関する話題を，古代中国の「孫氏算経」にある問題をもとに掘り下げてみたいと思いますが，その前に，毛利の「割算書」と百川治兵衛の「諸勘分物(しょかんぶもの)」が 1622 年に上梓された事情について，それは著者たちの先生であったと思われるある人物がその年の 9 月に火刑に処せられたことと関係があるという，平山諦[※1] 氏の説に触れておきたいと思います．その人はスピノラ[※2] というイタリアの貴族出身の宣教師で，平山説によれば京都の慶長天主堂 (教会) に隣接した学校で数学を教えており，毛利と百川や塵劫記で有名な吉田光由は，スピノラからここで手ほどきを受けたとされま

[※1] 1904-98．東北大学で藤原松三郎教授を継いで和算を研究した．平山説の詳細は [H] にあるが，「技術大国日本の数学の父カルロ・スピノラ - 荻野鐵人医療法人共立荻野病院コラム」でも紹介されている．

[※2] Carlo Spinola 1564-1622.

す.

　毛利は割り算の起源をアダムとイブの話にこじつけたり，自分のことを「割算の天下一」と記すなどして存在感を十分に発揮していますが[3]，百川の実力も高く評価されていたらしく，毛利の弟子とされる吉田光由と並んで後の世の文献で称えられています[4]．毛利と違って百川の最期は弟子によって伝えられています．それによると百川は切支丹の疑いにより入牢させられ，弟子たちの嘆願により赦免の後，しばらくして亡くなったそうです．むごい話だとは思いますが，釈放されたので後の人たちははばかりなく百川の名を出せたということでしょう．割算書と諸勘分物が師のスピノラへの追悼であったという平山氏の推定はごく自然なことと思います．後者は全2巻の巻物で，その第一巻が失われていますが，あえて一つの憶測を述べるなら，そこにはスピノラに由来する，当時としては穏健ならざる文章が添えられていたのではないでしょうか.

■ 孫子の問題

　古代ギリシャでは，割り算を繰り返しながら二つの数の最大公約数を求める方法が知られていました[5]．ところでお隣の中国でそ

---

[3]　毛利が京都で優秀な弟子を育てたことは，関孝和の弟子の荒木村英（そんえい）の談話記録に残されているので信用できる.

[4]　田原嘉明の新刊算法起（1652）に「當代算法の祖師嵯峨の吉田，佐渡の百川，此かたかたをさしおき，下愚の分として算法起と外題をうつ事は誠におそれあり」とある.

[5]　ユークリッドの互除法

ろばんが広まったのは 14 世紀になってからのことのようですが，それより 800 年くらい前，隋が中国を統一する前の南北朝時代に書かれた本の中に，割り算の余りについて注目すべき記述があります．しばらくその話を詳しく見てみましょう．

「孫子算経[※6]」という上中下の三巻本がありますが，その下巻に次の問題が出ています．

> 今物が有るが，その数はわからない．3 つずつにして物を数えると[※7]，2 余る．5 で割ると，3 余る．7 で割ると，2 余る．物はいくつあるか？

答え：23

孫氏算経の解法：3 で割ると 2 余る数として，140 と置く．5 で割ると 3 余る数として，63 と置く．7 で割ると 2 余る数として 30 と置く．これらを足し合わせて 233 を得る．これから 210 を引いて答えを得る．一般に，3 で割って 1 余ると，その度に 70 と置く．5 で割った余りに 21 をかける．7 で割った余りに 15 をかける．106 以上ならば，105 を引くことで，答えを得る．

問題の意味はよいでしょうが，解答が簡潔に要点だけを記して

[※6] 著者の孫氏は「孫子の兵法」を書いた孫武氏とは別人

[※7] 「3 で割ると」の意．以下そのように訳す．

いるので説明を補っておきましょう．まず，問題に出てくる数が
一桁ばかりなのに，答を出すのにいきなり 140 という三桁の数が
「3 で割って 2 余る数」として現れます．3 で割って 2 余る数は 2,
5, 8, ... と無限にあるのになぜ 140 を選ぶのでしょうか．63 と
30 についても同様です．

　しかし答の出し方に続けて，余りをどう与えても答を出せる手
順が述べてあります．ここを読めば 140 の意味が分かります．そ
の手順とは，3, 5, 7 に対して 70, 21, 15 という数の組を用意して
おき，これらをそれぞれ与えられた余りに掛け，それらを足し合
わせてから 105 で割って余りを出すというものです．したがって
140 は 70 の 2 倍という意味です．これ以上の詳しい説明は省かれ
ているのですが，この解法をよくにらめば，70, 21, 15 という数
がそれぞれ，5×7 の倍数のうち 3 で割って 1 が余る最小数，3×7
の倍数で 5 で割って 1 余る最小数，3×5 の倍数で 7 で割って 1
余る最小数であることが見えてきます．ここでは何の倍数を何で
割って余りを 1 にするかが肝心で，70 の代わりに 175（＝ 70 + 105）
や 280（＝ 70 + 105 × 2）をとっても，これらも 35 の倍数であり 3
で割って余りが 1 になりますから，計算が多少面倒になるだけで
出てくる答は変わりません．

　このように理解した上で，負の数を使うことを許せば次の別解
が作れます．

　3 と $5 \times 7 = 35$, 5 と $3 \times 7 = 21$, 7 と $3 \times 5 = 15$ は そ れ
ぞれ互いに素[8]であるから，ユークリッドの互除法により，

---

[8] 共通の約数が ±1 のみ

$(m, n) = (3, 35),\ (5, 21),\ (7, 15)$ それぞれについて方程式

$$mx + ny = 1$$

の整数解が計算でき，その結果

$$3 \times 12 + 35 \times (-1) = 1,$$
$$5 \times (-4) + 21 \times 1 = 1,$$
$$7 \times (-2) + 15 \times 1 = 1$$

となる[9]．したがって，以下の合同式が成立する：

$$-35 \equiv 1 \pmod 3\ \text{[10]}.$$
$$21 \equiv 1 \pmod 5,$$
$$15 \equiv 1 \pmod 7.$$

よって連立合同式

$$x \equiv a_1 \pmod 3,$$
$$x \equiv a_2 \pmod 5,$$
$$x \equiv a_3 \pmod 7$$

の一つの解が

$$x = -35a_1 + 21a_2 + 15a_3$$

で与えられる．

最初の問題は $a_1 = 2, a_2 = 3, a_3 = 2$ の時で，これらを上式に代入すると

---

[9] 具体的には

$$35 = 3 \times 11 + 2,\ 3 = 2 \times 1 + 1$$
$$\Rightarrow 1 = 3 - 2 \times 1 = 3 - (35 - 3 \times 11) = 3 \times 12 + 35 \times (-1),$$

等々

[10] 一般に，整数 a, b, c （ただし $c \neq 0$）に対し，$a - b$ が c で割り切れるとき「a と b は c を法として合同である」と言い，$a \equiv b \pmod c$ で表す（mod は modulo（測定・尺度）の意）.

$$x = (-35) \times 2 + 21 \times 3 + 15 \times 2$$
$$= -70 + 63 + 30 = 23$$

となり，孫子算経の答と一致します．ただし $128\ (= 23 + 105)$ や $233\ (= 23 + 105 \times 2)$ なども問題の条件をみたしますから正しい答です．このように 105 の倍数の違いを除けば答が一通りであることを「105 を法として解は一意的である」と言い表します．

　この解法が成立するポイントは，3 と 35，5 と 21 および 7 と 15 が互いに素であることで，この条件は 3, 5, 7 のうちのどの二つも互いに素であると言っても同じですから，話をまとめて次の一般的な定理が得られます．

与えられた k 個の整数 $m_1, m_2, \cdots, m_k$ のうちからどの二つをとっても互いに素ならば，どのような整数の組 $a_1, a_2, \cdots, a_k$ に対しても

$$x \equiv a_1 \pmod{m_1},$$
$$x \equiv a_2 \pmod{m_2},$$
$$\cdots\cdots$$
$$x \equiv a_k \pmod{m_k}$$

を満たす整数 x が $m_1 m_2 \cdots m_k$ を法として一意的に存在する[※11]．

　定理 1 は**孫子の定理**または**中国剰余定理**[※12] (Chinese remainder

[※11] つまり x と y が解ならば $x \equiv y \pmod{m_1 m_2 \cdots m_k}$ である．

[※12] 欧米流の用語．ちなみに日本環（Japanese ring）もある．

theorem）と呼ばれています．負の数や 0 に限らず，その時々の都合によって新しい数を取り入れながら数の範囲を拡げて行くことは，自然界がそうなっているからというよりも人間が生活を便利にするために道具を増やしていくのに似ています．ガウス[※13]は複素数を用いて素因数分解の法則[※14]を拡げ，方程式の整数解についての研究を深めました．

　整数論の研究で有名なクロネッカー[※15]は，ある会合での話のついでに「自然数は神が作ったが，あとの数はみな人造物だ.」と言いました．自然数から整数へ，整数から有理数へ，そして有理数から実数，複素数，4 元数，8 元数へと数の体系は拡げられてきましたが，有理数と複素数の間には星の数ほど多様で豪華絢爛たる数の世界が広がっています．数学の研究が進むにつれ，孫子の定理をこの拡張された数の世界にも広がる一般的な定理とみなす視点が確立されていきます．

絵草紙の中の素因数分解

　素因数分解の計算は和算でも現れます．和算の特徴は，鶴亀算や植木算，あるいは流水算などのように，日常生活に密接した身近な素材に託して様々な計算法をまとめている点です．吉田光由

[※13]　C.F.Gauss1777-1855．ドイツの大数学者

[※14]　2 以上の自然数 p が素数であるとは 2 以上 p 未満の約数を持たないことを言う．自然数は素数の積として掛け算の順序を除けばただ一通りにあらわされる．

[※15]　L.Kronecker1823-1891．師の系譜は E.E.Kummer，H.F.Scherk，F.W.Bessel を経て Gauss につながる．

の塵劫記などはそれらがさらに丁寧な挿絵入りで解説されており，
絶大な人気を博しました．塵劫記は日本で最初の 3 色刷りの絵草
紙でもあります．関孝和が創始した関流の和算はこれを高度な専
門性を持つ学問に高めましたが，塵劫記に倣った読み物も数多く
出版されました．絵草紙「絵本工夫の錦」※16 はその一つですが，
この中に

> 門松 943 本あつむれば不足なく何本ずつ幾門にならんや（943
> 本の門松を同数ずつ何軒の家に配れるか）

という問題があります．934 = 23×41 なので，自明な答を除けば
一軒につき 23 本なら 41 軒，41 本なら 23 軒ということになりま
す．
　実質的には 943 を素因数分解せよということですが，これを解
くには 31＜$\sqrt{943}$＜37 なので 31 以下の素数で次々に 943 を割っ
てみる必要があります．2, 3, 5, 11 のような少数の場合を除くと
この割り算には結構時間がかかります．素因数分解を求めるのに
手間がかかるということは，今日ではある種の暗号の有用性を保
証していますが，計算機のない時代にこの種の計算を実行するの
はさぞ難しかったことでしょう．ところが，あえて素因数分解の
研究に踏み込んだ和算家が現れました．久留島義太は関孝和と並

※16　船山喜一輔之著 1798 年

び称されるほど一流の和算家ですが[※17]，101 以下の素数の個数を求め，360 以下で 360 と互いに素な数の個数を求めました．久留島は，前者の解を

$$(101-1) - \left(\left[\frac{101}{2}\right]-1\right) - \left(\left[\frac{101}{3}\right]-1\right) - \left(\left[\frac{101}{5}\right]-1\right) - \left(\left[\frac{101}{7}\right]-1\right)$$

$$+ \left[\frac{101}{6}\right] + \left[\frac{101}{15}\right] + \left[\frac{101}{10}\right] + \left[\frac{101}{14}\right] + \left[\frac{101}{21}\right]$$

$$+ \left[\frac{101}{35}\right] - \left[\frac{101}{30}\right] - \left[\frac{101}{42}\right] - \left[\frac{101}{70}\right]$$

$$= 26$$

（ただし $[x]$ は x を超えない最大の整数）

と表しました[※18]．この式を自然数 N にあてはめれば N 以下の素数の個数は

$$(N-1) - \sum \left(\left[\frac{N}{p_i}\right]-1\right) + \sum \left[\frac{N}{p_i p_j}\right]$$

$$- \sum \left[\frac{N}{p_i p_j p_k}\right] + \cdots$$

となりますが，これはずっと後にルジャンドル[※19]が「数の試論」[※20]に書いた公式と一致します．360 と互いに素な数の個数については，素因数分解の式

$$360 = 2^3 \cdot 3^2 \cdot 5$$

[※17] 1690 頃 - 1758．酒と将棋を好んだためほとんど著作を残さなかったが，業績は弟子たちの編んだ「久氏遺稿」などで知られる．ここで紹介する久留島の業績は，日本学士院編「明治前日本数学史　第 3 巻 1957 岩波書店」（藤原松三郎著）および「藤原松三郎　和算史の研究　帝国学士院紀事　第四巻第三号 (1946)」によった．

[※18] 101－1 はまず 1 を除く意味．$\left[\frac{101}{2}\right]$－1 は 2 以外の偶数を除く回数，等々．

[※19] A.M.Legendre 1752-1833．フランスの数学者

[※20] Essai sur la théorie des nombres 1798

から

$$\frac{(2-1)(3-1)(5-1)}{2 \cdot 3 \cdot 5} = 96 \tag{1}$$

となるとしています. 一般に, $N = p^a q^b r^c \cdots$ (素因数分解)とし, N 以下の数で N と互いに素なものの個数を $\varphi(N)$ とすれば

$$\varphi(N) = \frac{N(p-1)(q-1)(r-1)\cdots}{pqr\cdots}$$

すなわち

$$\varphi(N) = N\left(1-\frac{1}{p}\right)\left(1-\frac{1}{q}\right)\left(1-\frac{1}{r}\right)\cdots$$

となります. この公式は久留島が亡くなった 2 年後にオイラー[21] が書いています[22]. 久留島が書いたのは 360 という特別な場合だけですが, (1) を一般式に書き換えることは容易ですので, $\varphi(N)$ は**久留島・オイラー関数**と呼ばれるべきでしょう[23].

　ところで関や久留島は魔方陣の研究もしています. 関は n 行 n 列の魔方陣が $n \geqq 3$ ならば常に作れることを示していますし, 久留島は立方陣[24] を作っています. オイラーには方陣の研究もあります[25] ので, もしオイラーが久留島の仕事を知っていたら次の定理を追悼論文で久留島に捧げたかもしれません.

---

[21] L.Euler 1707-1783. スイス生まれの数学者

[22] Novi Commentarii 1760-61

[23] 遠山啓『初等整数論』(朝倉書店) ではこう呼ばれている.

[24] 魔方陣の立体版. 詳しくは「https://ja.wikipedia.org/wiki/ 立方陣」などを参照.

[25] マスの中に数字の代わりに n 種類の文字を入れ, 縦横斜めに同じ文字が重ならないように配置したものをラテン方陣と言う. ラテン方陣から組織的に魔方陣を作る方法をオイラーは調べた.

> **定理 2**　N と互いに素な整数 a に対し $a^{\varphi(N)} \equiv 1 \pmod{N}$ が成り立つ.

系（フェルマー[26] の小定理）

　p が素数なら p で割れない整数 a に対し $a^{p-1} \equiv 1 \pmod{p}$.

定理 2 の証明[27]

　$1, 2, \cdots, N$ のうち N と互いに素な数は定義により $\varphi(N)$ 個あるが，それらを

$$r_1, r_2, \cdots, r_{\varphi(N)}$$

とする[28]. 各 r_i を a 倍して N で割った余りを r_i' と書く. つまり

$$r_i a = q_i N + r_i' \quad 0 \leq r_i' < N.\text{[29]}$$

$r_1', r_2', \cdots, r_{\varphi(N)}'$ は $r_1, r_2, \cdots, r_{\varphi(N)}$ を並べ替えただけのものである. そうでないと a と N は互いに素でないということになってしまうからである. よって特に

$$r_1' r_2' \cdots r_{\varphi(N)}' = r_1 r_2 \cdots r_{\varphi(N)}$$

となるが

$$r_i a \equiv r_i' \pmod{N}, \quad i = 1, 2, \cdots, \varphi(N)$$

---

[26] P.de Fermat 1607-65. フランスの数学者. 本業は弁護士であった. フェルマー予想（またはフェルマーの最終定理. 1995 年に A. ワイルズと R. テイラーが証明した.）で有名.

[27] 以下の書き方は ［K］を参考にした.

[28] 例えば $N = 20$ のときは 1, 3, 7, 9, 11, 13, 17, 19 の 8 個である.

[29] $N = 20$ で $a = 3$ だとこれらの余りは 3, 9, 1, 7, 13, 19, 11, 17 となる.

より

$$(r_1 a)(r_2 a) \cdots (r_{\varphi(N)} a) \equiv r_1' r_2' \cdots r_{\varphi(N)}' \pmod{N}.$$

従って

$$a^{\varphi(N)} r_1 r_2 \cdots r_{\varphi(N)} \equiv r_1 r_2 \cdots r_{\varphi(N)} \pmod{N}.$$

N と r_i は互いに素だから，この式より $a^{\varphi(N)} - 1 \equiv 0 \pmod{N}$ すなわち $a^{\varphi(N)} \equiv 1 \pmod{N}$ が成り立つ． （**証明終**）

　素数の世界に踏み込んだ数学者たちは，互いに遠く離れた場所で同じことに気づいていたようで，そこが数学の魅力でもあります．ちなみに，記号 $\varphi(N)$ はガウスが導入したもので，これをガウスは「オイラーの φ（ファイ）関数」と名付けています．

　江戸時代初期に端を発した和算は，毛利重能の割算書で示唆されたように，開平，開立，開円の算法※30 を極める方向に展開し，その成果は 7500 部あまりの和算書や 880 枚を超える算額に残されています．久留島はオイラーに先立って φ 関数の原型に達しましたが，関孝和も行列式※31 の発見者として世界の数学史に名を残しています．

※30　それぞれ平方根，立方根，円周率を求める計算法

※31　正確には 3 次と 4 次の行列式．行列式は平行四辺形の面積を頂点の座標で表わす式を一般化したもの．連立方程式の解の公式にも現れ，数学全般で用いられる．（正確な定義は第 8 話の補足 1 などを参照．）

魔方陣小話

久留島やオイラーの仕事から整数論はガウスやクロネッカーを経て高度に発展しましたが，高木貞治[32] が 1920 年と 1922 年に発表した理論は類体論の名で知られ[33]，一時代を画する偉業でした．その高木先生が『数学小景』という本 [T] の中で「魔方陣はくだらないものだが」と前置きして書いているちょっと面白い話をご紹介しましょう．ありふれた 3 次の魔方陣

2	9	4
7	5	3
6	1	8

についての伝説等はさておき，5 次の魔方陣の一つの作り方に数学らしい洒落た議論が現れます．出発点はごくごく平凡な配列

1	2	3	4	5
6	7	8	9	10
11	12	13	14	15
16	17	18	19	20
21	22	23	24	25

です．魔方陣を作るにはこの対角線に目を付けます．と言っても通常の対角線だけでなく，他の升目を同じ方向にたどり，高木先生の言い方では「床屋の看板のあめん棒のように」つなげたもの（下図参照）を見て，そこの数を足し合わせると常に 65 であること

を確認します[34].

a	b	c	d	e
e	a	b	c	d
d	e	a	b	c
c	d	e	a	b
b	c	d	e	a

b	c	d	e	a
c	d	e	a	b
d	e	a	b	c
e	a	b	c	d
a	b	c	d	e

　これで升目の数の和が 65 になる「対角線」が 10 本見つかりました．これらと中央の縦横の列を合わせると，合計 12 本の線上に和が一定の数字が並んでいることになります．魔方陣はこれとは方向が違いますが縦に 5 列，横に 5 列，斜めに 2 列ですからやはり合計 12 本の線上で和が一定です．そこで「対角線」を縦横に，縦横を「対角線」に変換すれば魔方陣が出来上がります．この変換は一通りではなく，最初に縦横の列を対角線に持ってきてもできますし，対角線の二本を縦横の列に持ってきてもできます．どちらの場合も数の配置を決める原理は縦横および対角線の列を直線と思ったとき

傾きの異なる二本の直線は一点で交わる

ということです．平面幾何の命題が魔方陣の作成に使えるのはちょっと面白いでしょう．

　さて，久留島とオイラーつながりで少し寄り道をしましたが，次回からは，古代ギリシャからフェルマーを経て久留島やオイラーにいたる系譜を眺めた後，オイラーに端を発した問題がガウス

---

[34]　左図では 1＋7＋13＋19＋25＝65, 2＋8＋14＋20＋21＝65 など．
右図では 21＋17＋13＋9＋5＝65 など．

を経て類体論につながった経緯を述べてみたいと思います。類体論はその要点をなかなか一言では表現しにくい理論ですが，種々の興味深いテーマが時を経て交錯しながら交響曲のように湧き上がるというイメージで語りたいと思っています．

参考文献

[H] 平山諦　**和算の誕生**　恒星社厚生閣　1993
[K] 小林昭七　なっとくするオイラーとフェルマー　講談社　2003
[T] 高木貞治　**数学小景**　岩波現代文庫　2002

■■ 負の数と 0 ■■■■■■■

　割り算の話を高木の類体論へとつながる形で進めたいのですが，そのためには様々な準備が必要です．しばらくはまだ素因数分解の周辺に限り，古代ギリシャの数学も交えながら，ガウスの整数論を目標に進みましょう．

　負の数と 0 は 7 世紀ごろインドで初めて数として認められたようですが，負の数が使われだしたのは負債の額を表すためであったと言われます．今日の教育課程では 0 は小学一年次で 10 を学んだあと三年次で，負の数は中学一年次で学びますが，$1+0=1$ に比べて $1×0=0$ を受け入れるには抵抗があり，$(-1)×(-1)=1$ に至ってはなおさらで，無意識下に「できればこういうものたちを数として認めたくないのだが」という心理が働く場面が往々にしてあるようです．実際，等式 $1=0×3+1$ を「1 を 3 で割ると余りは 1」と読むことは案外自明ではありません．早い話が，$1=3×0+1$ を「1 割る 0 は 3 あまり 1」と読むのは，いくら「1 から 0 を 3 回取った残りが 1」であっても不適当なわけです

から．以下では数の話は数の話として，いったんは日常生活から切り離した部分で考えていきたいと思います．

■ ディオファントスの方法 ■

さて，数の世界は自然数に負の整数と 0 を合わせて整数まで広がり，整数の範囲では二つの数の足し引きが自由にできます．さらに整数を広げて 0 以外の数で自由に割れるようにしたものが有理数です．有理数の範囲では割り算の余りは出ませんが，整数の問題を解くときに有理数が利用されることがあります．整数の間の簡明な関係は古代において早くから発見され，驚異の対象とされました．有名な例が $3^2 + 4^2 = 5^2$ で，これは垂線を立てるために方々で用いられた，辺の長さが 3, 4, 5 の三角形と関連しています．$x^2 + y^2 = z^2$ の一般の整数解が，(x, y, z) が互いに素な場合に限れば

$$x = m^2 - n^2, y = 2mn, z = m^2 + n^2 \text{ ただし } (m, n) \text{ は互いに素}$$

と書けることはユークリッドの「原論」にあります[1]．ユークリッドののち 500 年，3 世紀に到ってディオファントス[2] は 1 次および 2 次の不定方程式[3] の解法を工夫しました．たとえば $x^2 + y^2 = z^2$

---

[1] 紀元前 1800 年ごろのバビロニアの粘土板からは，このことが当時のバビロニアでも知られていたと推測されている．実際に土地の測量に応用されていたらしいことが 2021 年に判明した．

[2] 200 ～ 214 – 280 ～ 298. 墓碑銘に書かれた問題から 84 才で亡くなったことが知られる．

[3] 解を整数の範囲に限った方程式のこと．以後整数全体の集合を $\mathbb{Z}$ で表す．

の整数解を求めるディオファントスの方法を今風に書くと次のようになります.

　条件を満たす3つの整数を求めることは, 単位円周[※4]上の有理点[※5] を求めることに等しい. 点 $(-1,0)$ を通る傾き m の直線の方程式は, $Y = m(X+1)$ と書ける. この直線と単位円との交点を求めると,

$$\left(\frac{1-m^2}{1+m^2}, \frac{2m}{1+m^2} \right)$$

である. このとき, この点が有理点ということと m が有理数ということは同値[※6] である.

　そこで, 互いに素な整数 p, q を用いて $m = \dfrac{p}{q}$ と表し, 上の座標に代入することにより, 求める3つの数として, $p^2-q^2, 2pq, p^2+q^2$ を得ることが出来る.

■ フェルマーとオイラーの役回り

　ガウスがいくつもの画期的な理論を完成形で発表した『数論考究』(Disquisiones arithmeticae) に書かれた有名な定理の一つは, 4で割って1余る素数の次のような特徴づけです.

[※4] 座標 (X, Y) を持つ平面内で $X^2+Y^2 = 1$ を満たす点の集合

[※5] 座標が有理数であるような点

[※6] 同等または等価とも言う.「同じこと」の意味.

> **定理 1** 素数 p に対する方程式 $x^2+y^2=p$ は $p \equiv 1 \pmod 4$ の時に整数解を持つ.

これにより, 素数 p が $4n+1$ 型であることと $x+iy$ と $x-iy$ の積として「因数分解できる」ことが同値であることになりますが[7], 素数というものに対するこのような見方が整数論に新境地を開くことになりました.

ディオファントスの解を特殊例として含む2元2次不定方程式
$$ax^2+bxy+cy^2=k \quad (a,b,c,k \in \mathbb{Z})$$
の理論はガウスの初期の数論研究の主要部をなし, 定理1はその一例です. 以下ではしばらく $3^2+4^2=5^2$ と定理1を結ぶ道をたどってみたいと思います.

この道を進むと, ディオファントスの次に出会うのが近代整数論の祖とされるフェルマーです. 定理1はフェルマーが発見し, 「直角三角形の基本定理」と呼んだ命題でした[8]. ディオファントスからフェルマーまでの間が1400年ほど開いているのは, ギリシャ数学が一旦滅んで10世紀にアラビア語に翻訳されて以後ペルシャの学堂で継承された後, ヨーロッパに逆輸入されたためです[9]. よく知られているように, フェルマーは多くの難問を残しました. とくに有名なフェルマー予想については後で述べますが, 次の逸

---

[7] i (虚数単位) については後述する.

[8] 高瀬正仁 数学通史の試み—数論と関数論
https://www2.tsuda.ac.jp/suukeiken/math/suugakushi/sympo16/16_4takase.pdf

[9] フィボナッチの数列やパスカルの三角形も重要だが割愛する.

話[※10] の中の問題もフェルマーが初めて提起したものです.

　若いインド人数学者スリニバサ・ラマヌジャン[※11] がかつて入院していたとき, イギリス人数学者である友人 G.H. ハーディ[※12] が見舞いに訪れた. ハーディは乗ってきたタクシーのナンバーは 1729 であり, どちらかといえば何の味もない数だとラマヌジャンに告げた. ラマヌジャンは直ちに 1729 は決しておもしろくない数ではない, 何故ならそれは 2 つの立方数の和として 2 通りに表せる最小の数だからだ, と答えた[※13].

　整数論はディオファントスからフェルマーへ, そしてさらにオイラーへと受け継がれました. ガウスによれば, オイラーの整数論における業績は「フェルマーが証明を残さなかった命題の多くに厳密な証明を与えた」ことですが, 決してそれに尽きるものではなく, ここではオイラーの他の重要な業績として「平方剰余の相互法則の発見」と「無限級数の素数分布への応用」を挙げたいと思います. 平方剰余の相互法則は二つの奇素数間の一種の対称関係ですが, これと素数分布の法則の間には不思議な関連性があります.

※10　M. ラインズ著（片山孝次訳）『数 -- その意外な表情』岩波書店　より

※11　Srinivasa Ramanujan 1887-1920

※12　G.H.Hardy 1877-1947

※13　$1729=9^3+10^3=1^3+12^3$, $40033=16^3+33^3=9^3+34^3$ など.（このような数が無限個存在するかどうかは筆者には不明であると連載時には書いたが, 即座に一松信先生からよく知られたことであると指摘された. 詳しくは第 5 話の補足と付録を参照.）

▬ 平方剰余の相互法則 ▬

p を奇素数とするとき，$x^2 \equiv a \pmod{p}$ が解を有するときに，a を p の**平方剰余**といい，そうでないとき**平方非剰余**と言います．$a \not\equiv 0 \pmod{p}$ であるとき，a が平方剰余であるか非剰余であるかに従って

$$\left(\frac{a}{p}\right) = +1 \text{ または } -1$$

と記します[※14]．

平方剰余の相互法則[※15]とは次の命題を言います．

定 理 2　　p と q を相異なる奇素数とすれば

$$\left(\frac{p}{q}\right) = (-1)^{\frac{p-1}{2}\frac{q-1}{2}},$$

$$\left(\frac{-1}{p}\right) = (-1)^{\frac{p-1}{2}},$$

$$\left(\frac{2}{p}\right) = (-1)^{\frac{p^2-1}{8}}.$$

　この形で相互法則を述べたのはルジャンドルで，労作『数の試論』でオイラーのアイディアに沿う証明を与えようとしましたが，未完成に終わりました[※16]．ガウスは定理 2 を整数論の基本定理と名付け，六つの全く異なる証明を与えました．定理 1 は定理 2 の

[※14]　この記法はルジャンドルが導入した．

[※15]　以後，他の命題と混同する恐れがないときは単に相互法則と言う．

[※16]　現在は 240 以上の証明が知られている．（cf. https://ja.wikipedia.org/wiki/ 平方剰余の相互法則）

特殊型である

$$p \equiv 1 \pmod 4 \text{ ならば} \left(\frac{-1}{p}\right) = 1$$

の帰結です．ちなみに，ガウスは平方剰余の規則を使うと数の素
因数分解の計算が効率的に行えることも指摘しています[17]．これ
らを含む著書『数論考究』は理解よりもむしろ畏敬をもって受け
入れられたそうですが，その後，オイラー・ルジャンドル路線の
証明もガウスの後継者であるディリクレ[18] によって完成されまし
た．これは定理2を素数分布に関連付けるもので，その出発点は
$4n+1$ 型の素数が無限にあることのオイラーの「証明」です．

素数のクラス分けと無限級数

オイラーは1775年の論文で無限級数

$$\frac{1}{3} - \frac{1}{5} + \frac{1}{7} + \frac{1}{11} - \frac{1}{13} - \frac{1}{17} + \frac{1}{19} + \frac{1}{23} - \frac{1}{29} + \cdots$$

を考察しました[19]．この級数の各項は奇素数の逆数に符号をつけ
たもので，$4n-1$ 型のものは正，$4n+1$ 型は負となっています．
オイラーはこの級数の和の近似値を 0.3349816 と見積もる計算を

---

[17] 314159265 を例にとり，314159265=9・5・7・997331 の計算の後，997331 の
平方剰余である $-6, +13, -14, +17, +37, -53$ が，小さい順に並べた素数を法とする
平方剰余かどうかを示す表を作り，それを見て 997331 の素因子 127 をひねり出して
997331＝127×7853 を得ている．

[18] L. Dirichlet 1805-1859.

[19] 以下の記述は W. ダンハム著「オイラー入門」(シュプリンガー数学クラシックス，
2004) を参考にした．

実行し，その過程で和が有限確定値であることが確実と見た上で，次の議論を行いました．

$4n+1$ 型の素数の逆数の和を S とおき， $4n-1$ 型の素数の逆数の和を T とおけば

$$T = S + \left(\frac{1}{3} - \frac{1}{5} + \frac{1}{7} + \frac{1}{11} - \frac{1}{13} - \frac{1}{17} \right.$$
$$\left. + \frac{1}{19} + \frac{1}{23} - \frac{1}{29} + \cdots \right) \approx S + 0.3349816$$

であるが，$S+T = \infty$ であるので $S = \infty$ でなければならない．従って $4n+1$ 型の素数は無限個存在する．

等式 $S+T = \infty$ はよく知られた

(1) $\quad 1 + \dfrac{1}{2} + \dfrac{1}{3} + \dfrac{1}{4} + \dfrac{1}{5} + \cdots = \infty$ [20]

の自然な拡張で，素数分布との関連は，(1)を素因数分解定理によって書き換えた式である

(2) $\quad \displaystyle\prod_p \frac{1}{1 - \frac{1}{p}} = \infty \quad$ （p はすべての素数を動く）

から見て取れます[21]．(2)は素数が単に無限個存在するというよりも強い主張で，その発展形として $S+T = \infty$ があります[22]．オイラーは $T-S$ が有限確定であることの厳密な証明を与えていず，

---

[20] $\quad 1 + \dfrac{1}{2} + \dfrac{1}{3} + \dfrac{1}{4} + \dfrac{1}{5} + \cdots + \dfrac{1}{2^n} > 1 + \dfrac{1}{2} + \dfrac{1}{4} + \dfrac{1}{4} + \dfrac{1}{8} + \cdots + \dfrac{1}{2^n} = 1 + \dfrac{n}{2}$ より明白．

[21] 対数をとって無限積を無限和に直し，各項を $\dfrac{1}{p}$ についてテイラー展開する．初等的な証明は補足を参照．

[22] $S+T = \infty$ の証明については補足を参照．

それを最初に書いたのがディリクレですが，その端緒となったの
は関数項の無限級数についてのオイラーの鋭い洞察でした．オイ
ラーは形式的な等式である

$$1+\frac{1}{2}+\frac{1}{3}+\frac{1}{4}+\frac{1}{5}+\cdots=\prod_p\frac{1}{1-\frac{1}{p}}$$

から一歩踏み込んで，関数等式

$$(3)\quad 1+\frac{1}{2^s}+\frac{1}{3^s}+\frac{1}{4^s}+\frac{1}{5^s}+\cdots=\prod_p\frac{1}{1-\frac{1}{p^s}}\quad s>1$$

が成り立つことを観察しました．右辺は左辺の因数分解であると
みなせます．さらに，オイラーは非常に豪快な等式

$$(4)^{※23}\quad\frac{1-2^{n-1}+3^{n-1}-4^{n-1}+5^{n-1}+6^{n-1}+\cdots}{1-2^{-n}+3^{-n}-4^{-n}+5^{-n}-6^{-n}+\cdots}$$

$$=\frac{-1\cdot2\cdot3\cdots(n-1)(2^n-1)}{(2^{n-1}-1)\pi^n}\cos\frac{n\pi}{2}$$

を経由して驚くべき等式

$$1+2+3+4+5+\cdots=-\frac{1}{12}$$

に達しました．当然，これは無限和に通常とは異なる意味を与え
た上での計算結果ですが，この等式を厳密に基礎づけられた理論
の上に置いたのは19世紀のドイツの数学者たちで，ディリクレと
リーマン[※24]の仕事が有名です．その過程でこの種の無限和の整数
論的な意味が次第に明らかになって行ったのですが，特に「類数公
式」というものが高木類体論にからみます．従って無限級数が重要

[※23]（4）を後述のガンマ関数 $\Gamma(s)$ とゼータ関数 $\zeta(s)$ を用いて書き換えたものが有名
なゼータ関数の関数等式 $\frac{2^{s-1}\pi^s}{\Gamma(s)}\zeta(1-s)=\cos\frac{\pi s}{2}\zeta(s)$ である．

[※24] G. F. B. Riemann 1826-66.

ですが，その話の前に基礎的な話を一つだけ補っておきたいと思い
ます．それはガウスが発見した素因数分解定理の簡単な拡張です．

■■ ガウスの素因数分解 ■■■■■■■■■■

　有理数を拡げた複素数の世界で星のように散らばっているのが，
いわゆる代数的な整数たちです．**ガウス整数**はそのようなものの
一つです．ギリシャ時代から知られていた素因数分解の法則を拡
げる過程で大数学者ガウスはこれを導入しました．

　複素数は 3 次方程式の解の公式の発見に伴って，16 世紀に導入
されました．方程式の係数を使って解を表す公式を書くために，2
乗して −1 になる数 i（虚数単位）を使う必要がありました．2 次
方程式 $ax^2 + bx + c = 0$ $(a \neq 0)$ ですと解の公式は

$$x = \frac{-b \pm \sqrt{b^2 - 4ac}}{2a}$$

であり，$b^2 - 4ac < 0$ の時は解はないとしていました．しかし 3 次
方程式の場合には，

$$\omega = \frac{-1 + \sqrt{3}\, i}{2}$$

という $X^3 - 1 = 0$ の解を含んだ式でないと解の公式が正確には書
けませんでした．しかし $i^2 = -1$ などという式は長い間仮想的で
数学の実体とはかけ離れたものと考えられ，真正面から扱われる
ことはありませんでした[※25]．$x + iy$ を座標平面上の点 (x, y) と同

[※25]　そもそも i と $-i$ を区別しなければならない理由も最初は明確ではなかったであ
ろう．

一視して複素数と名付けたのはガウスでした．ガウスは複素数を積極的に利用して，特に整数の理論を大きく進めました．

さて，ガウス整数とは何かと言えば，端的には $a+bi$（$=a+ib$．ただし a,b は整数）の形の複素数を言います．念のためですが，i は xy 座標平面上の点 $(0,1)$ を短く書いたもので，$a+bi$ は x 座標が a で y 座標が b である平面上の点 (a,b) を「a 足す $b \times i$」の形で表したものです．特に $(1,0)$ は $1+0 \times i = 1$ によって通常の 1 と同一視されます．$\sqrt{a^2+b^2}$ を $|a+bi|$ で表します．これは 0 と $a+bi$ を結ぶ線分の長さで，$a+bi$ の**絶対値**と呼ばれます．複素数同士の足し算と掛け算を

$$(a+bi)+(c+di)=(a+c)+(b+d)i,$$
$$(a+bi)\times(c+di)=(ac-bd)+(ad+bc)i$$

で定めれば，簡単な計算により $i^2=-1$ が成り立つことが分かります．さらに絶対値については

$$|(a+bi)+(c+di)| \leqq |a+bi|+|c+di|$$

や

$$|(a+bi)\times(c+di)| = |a+bi| \times |c+di|$$

であることが示せます．$a^2+b^2=(a+bi)(a-bi)$ なので

$$|a+bi|^2 = |a+bi|^2 = (a+bi)(a-bi)$$

となります．$a-bi$ を $a+bi$ の**共役複素数**または**複素共役**と言い，$\overline{a+bi}$ で表します．これについては

$$\overline{(a+bi)+(c+di)} = \overline{a+bi}+\overline{c+di}$$

や

$$\overline{(a+bi)(c+di)} = (\overline{a+bi})(\overline{c+di})$$

が成り立ちます．xy 平面上の点をこのように複素数と同一視した

ものをガウス平面と呼ぶことがありますが，これはガウスが学位論文で，すべての多項式の根がこの平面上に存在する[26] ことを実質的に示したことにちなみます．

　さて，ガウス整数同士を足し合わせても掛け合わせてもガウス整数になることは明らかですから，ガウス整数についても約数の概念が自然に生じます．$a+bi$ が**ガウス素数**であるということを，約数をちょうど8個持つ数であると定めます．約数をちょうど4個持つガウス整数は $1, -1, i, -i$ の4個でこれらは**単数**と呼ばれます．ガウス素数 $a+bi$ の約数はこの4つまたは $a+bi$ に単数を掛けたものに限ります．通常の素数はガウス素数とそうでないものに分かれます．$2=(1+i)(1-i)$ なので2はガウス素数ではありません．3がガウス素数であることは，$3=(a+bi)(a-bi)$ と置いた時 $3=a^2+b^2$ となり，この式をみたす整数 a,b が存在しないことから分かります．

定理3　0と単数以外のガウス整数はいくつかのガウス素数の積に分解でき，分解の仕方は順序と単数倍を除けば一意的である．

証明　任意のガウス整数 α と0でないガウス整数 β に対して
$$\alpha = \beta\gamma + \delta \quad |\delta| < |\beta|$$
を満たすガウス整数 γ, δ が存在する．なぜなら，平面上で $\dfrac{\alpha}{\beta}$ に最も近いガウス整数を一つとり，それを γ とすると，一辺の長さが

※26　代数学の基本定理

1 の正方形の対角線の長さの半分が $\dfrac{1}{\sqrt{2}}$ であることから

$$\left|\frac{\alpha}{\beta}-\gamma\right| \leqq \frac{1}{\sqrt{2}} < 1$$

であり，従って

$$|\alpha-\beta\gamma| < |\beta|$$

となるので，$\delta = \alpha - \beta\gamma$ とおけばよい．

　ガウス整数 α, β に対し，$A\alpha + B\beta$ が α と β の公約数となるように，ガウス整数 A, B を取ることができる．なぜなら，$A\alpha + B\beta$（A と B はガウス整数）の形をした 0 でないガウス整数の中から絶対値が最小であるものを一つ選び $g = A_0\alpha + B_0\beta$ とおくと，上で示したように

$$\alpha = g\gamma + \delta \quad |\delta| < |g|$$

を満たす γ, δ が取れるが，

$$
\begin{aligned}
\delta &= \alpha - g\gamma = \alpha - (A_0\alpha + B_0\beta)\gamma \\
&= (1 - A_0)\alpha - (B_0\gamma)\beta
\end{aligned}
$$

であるから，g の取り方より $\delta = 0$ でなければならない．ゆえに，g は α を割る．同様にして，g は β も割る．

　ガウス素数 π が 2 つのガウス整数の積 $\alpha\beta$ を割るならば，π は α と β の少なくとも一方を割る．なぜなら，上で示したように α と π の公約数として $g = A\alpha + B\pi$（A, B はガウス整数）が取れる．π はガウス素数で g は π の約数だから，g は単数であるか π の単数倍であるかのどちらかである．まず，g が単数とすると，$g\beta = A\alpha\beta + B\pi\beta$ であって，仮定より π は $\alpha\beta$ を割るので π は左辺の $g\beta$ も割る．g は単数であるから，π は $\beta\alpha$ を割る．次に，g が π の単数倍であれば，g は α を割るから，π も α を割る．これ

を繰り返し用いることにより，ガウス素数の次の性質が分かる．

　（＊）　ガウス素数 π がガウス整数の積 $\alpha_1 \alpha_2 \cdots \alpha_n$ を割るなら
ば，π はどれかの α_k を割る．

　ガウス整数 α が 2 つのガウス整数の積に分解され，それぞれの
絶対値は α の絶対値よりも真に小さくなるとすれば，同様の分解
を繰り返せば各因子の絶対値が真に減少していくことから，それ
以上分解できなくなる時が来る．それが求めるガウス素数への分
解である．

　最後に分解が一意的であることを示す．いまガウス素数たちの
積 $\alpha_1 \alpha_2 \cdots \alpha_n$ および $\beta_1 \beta_2 \cdots \beta_m$ が等しいとすると，（＊）より β_1 は
どれかの α_k を割る．順序を入れ替えることにより，α_1 を割ると
してよい．両辺をそれで割ることにより $\alpha_2 \cdots \alpha_n = \beta_2 \cdots \beta_m \times$ 単数を
得る．これを繰り返すことにより，2 つの分解は順序と単数倍を除
けば等しいことが分かる．（**証明終**）

補足　素数の逆数の和が ∞ であることの証明[※27]：

　n 以下で平方因子を含まない自然数の逆数の和を $\displaystyle\sum_{k \le n}' \frac{1}{k}$ で
表すと

[※27] Niven, I., *A proof of the divergence of* $\sum 1/p$, The American Mathematical
Monthly **78**, No. 3 (1971), 272-273 による．

$$1 + \frac{1}{2} + \frac{1}{3} + \frac{1}{4} + \frac{1}{5} + \cdots + \frac{1}{n}$$

$$\leqq \left(\sum_{j \leq n} \frac{1}{j^2} \right) \times \left({\sum}'_{k \leq n} \frac{1}{k} \right)$$

$$\leqq \left(\sum_{j=1}^{\infty} \frac{1}{j^2} \right) \times \left({\sum}'_{k \leq n} \frac{1}{k} \right)$$

$$< \left(1 + \sum_{j=1}^{\infty} \frac{1}{j(j+1)} \right) \times \left({\sum}'_{k \leq n} \frac{1}{k} \right)$$

$$= 2 \left({\sum}'_{k \leq n} \frac{1}{k} \right) \text{ より}$$

$$\sideset{}{'}\sum_{k} \frac{1}{k} \quad \left(:= \lim_{n \to \infty} {\sum}'_{k \leq n} \frac{1}{k} \right) = \infty.$$

仮に $\sum_{p} \dfrac{1}{p} < \infty$ であったとすると $\infty > \prod_{p} e^{1/p} > \prod_{p} \left(1 + \dfrac{1}{p} \right) =$

$\sideset{}{'}\sum_{k} \dfrac{1}{k} = \infty$ となり不合理である.

ただし $e := \displaystyle\sum_{n=0}^{\infty} \frac{1}{n!} = \lim_{n \to \infty} \left(1 + \frac{1}{n} \right)^{n}$.

第 4 話

▰ 無限和と解析学 ▰

オイラーはフェルマーが残した問題を解きながら無限和

$$1+\frac{1}{2^s}+\frac{1}{3^s}+\frac{1}{4^s}+\frac{1}{5^s}+\cdots \ (s>1) \tag{1}$$

について研究を進め,素晴らしい洞察により等式

$$1+2+3+4+5+\cdots=-\frac{1}{12} \tag{2}$$

に $\sum_{n=1}^{\infty} n^{-2}=\pi^2/6$ と関連する一つの意味を見出したのでした
が,しばらくはこの地点を目指しながら話を進めていきましょう.

　この種の無限和は,素数の無限性を始め,$4n+1$ 型の素数が無
限個存在するという事実などともつながっています[※1].この非常に
興味深い関係について述べるために,以下では関数とその展開式
について基礎的な公式とその周辺を眺めてみたいと思います.解
析学の話になりますが,ここではオイラーが「発見」した

[※1]　これの初等的な証明は補足 1 を参照.

$$\frac{1}{3} - \frac{1}{5} + \frac{1}{7} + \frac{1}{11} - \frac{1}{13} - \frac{1}{17} + \frac{1}{19} + \frac{1}{23} - \frac{1}{29} + \cdots < \infty \qquad (3)$$

という，奇素数の逆数を符号を変えながら足し合わせた無限和の
有限性の証明を念頭に進めたいと思います．

　ところで解析学とは何かという点について，岡潔[※2] が小林秀
雄[※3] に向けて『人間の建設』と題された対談 [K–O] の中で説明を
しているので，それを引用しておきましょう．

小林　岡さんの数学は幾何学でなくて，何学というのですか．

　岡　解析学，アナリシスというのです．数学は大きく分けて幾
　　　何学と代数学と解析学とあります．

小林　解析学はいつごろから始まった学問ですか．

　岡　解析学が一番古いのです．

小林　アナリシスというのはどういう概念なんですか．

　岡　アナリシスというのは分析するという意味ですね．主体にな
　　　っている者は函数[※4] でして，函数というのは二つの数の間
　　　の関係をいうのです．…(中略)… 函数というのはファンク
　　　ション，つまり機能という言葉なのですが，それをハコと
　　　カズという字を書いて函数と訳したのは多分ソロバンのこと
　　　を函数と思ったのでしょう．ですから一つの数だけを見るの
　　　ではなく，二数の関係を単位にして見ていくのですね．

小林　それは数学の基本的な考えですね．

[※2] 1901–1978. 多変数関数論の研究で知られる

[※3] 1902–1983. 文芸評論家

[※4] 函数 = 関数

この二数の関係をどう単位にして見ていくかというと，一口には「一意対応」で，ある範囲を動く数 x に対しそれに応じて別の数 y が動く，その対応付けのことを関数と言っています．x の一つの値に対して y のただ一つの値が決まる対応付けであることが肝心です．x の多項式や指数関数 e^x は基本的な例です．関数を基本的な要素に分解するために必要なのが無限級数です．

無限級数のはなし

一般に，数列 $a_1, a_2, a_3, \cdots, a_n, \cdots$ に対して，総和 $\sum_{n=1}^{\infty} a_n$ が直ちに意味を持つ場合とそうでない場合があります．最も基本的なのは，数列 $\sigma_n = \sum_{k=1}^{n} a_k$ $(n = 1, 2, 3, \cdots)$ が $n \to \infty$ としたときある数 σ に収束する[※5] 場合で，このとき無限級数 $\sum_{n=1}^{\infty} a_n$ は収束するといい，数列 σ_n の極限値 $\sigma = \lim_{n \to \infty} \sigma_n$ を（無限）級数の和といいます．つまり

$$\sum_{n=1}^{\infty} a_n := \lim_{n \to \infty} \sigma_n \tag{4}$$

であり，$0.\dot{9} = 1$ は (4) の一例です．数列 a_n の極限値というものは a_n が単調増加[※6] であり有界[※7] であれば存在するというのが数直線またはそれをモデルにした実数の世界ですが，ガウスの最晩年

[※5] $|\sigma_n - \sigma|$ が n を大きくすればいかようにも小さくなる．

[※6] $a_n \leqq a_{n+1}$

[※7] ある $M \in \mathbb{N}$ に対して $a_n \leqq M$ $n = 1, 2, 3, \cdots$

の弟子にあたるデデキント[※8] は「数とは何か，何であるべきか」という著作 [Dd] で，自然数から出発してこのような性質を持つ実数を完璧に定義づけ，極限に関する厳密な理論を基礎づけました[※9].

4n+1 型の素数が無限個あることを証明するためにオイラーは (3) の収束性を吟味したのでしたが，その厳密な証明は書きませんでした．この級数が収束することを証明するための準備として，無限級数の収束に関する基礎事項を述べておきましょう．

まず

$$c_1 + \frac{c_2}{2^s} + \frac{c_3}{3^s} + \frac{c_4}{4^s} + \frac{c_5}{5^s} + \cdots$$

という一般的な無限級数の性質を，$c_n = 1$ $(n = 1, 2, 3, \cdots)$ とは異なるいくつかの場合に調べる必要があります．そのためには，等式

$$1 - \frac{1}{3} + \frac{1}{5} - \frac{1}{7} + \cdots = \frac{\pi}{4}$$

などに遭遇しながら一般的な原理を捜すことになります．例えば

$$1 - \frac{1}{2^s} + \frac{1}{3^s} - \frac{1}{4^s} + \frac{1}{5^s} - \cdots$$

が $s > 0$ のとき収束することを使えばこの範囲で一つの対称性を表す関係式が書け，結局のところそれを使うと (2) の意味が明確になります[※10].

(2) と (3) をつなぐこの道をたどってみましょう．

[※8] Richard Dedekind 1831-1916.

[※9] [T] の第一章を参照.

[※10] リーマンのゼータ関数の関数等式.

■ 幂級数とディリクレ級数

$$\frac{1}{4} + \frac{1}{16} + \frac{1}{64} + \frac{1}{256} + \cdots$$

は，数学史上初めて和が計算された無限級数の例で，紀元前 250 年〜200 年頃，アルキメデスによって使われました[※11]．これは初項 $\frac{1}{4}$，公比 $\frac{1}{4}$ の等比数列の和なので答は

$$\frac{\frac{1}{4}}{1-\frac{1}{4}} = \frac{1}{3}$$

となります．この例が無限級数の理論の基礎になります．無限級数

$$\sum_{n=0}^{\infty} a_n \tag{5}$$

において $a_n = ar^n$（ただし $a \neq 0$）であるものを，初項 a，公比 r の（無限）**等比級数**と言います．これが収束するための必要十分条件が $|r| < 1$ であることは容易で，そのとき

$$\sum_{n=0}^{\infty} ar^n = \frac{a}{1-r} \tag{6}$$

となります．より一般に，複素数列[※12] c_n に対し，(5) において $a_n = c_n x^n$（$x \in \mathbb{R}$）であるものを，変数 x に関する**幂級数**と言います．幂級数の収束性は等比級数と比較することにより判定でき，次の定理が成立します．

[※11] cf. [S-W] Shawyer, B. and Watson, B., *Borel's method of summability: theory and applications*, Oxford Clarendon Press, 1994.

[※12] 以下では実数全体の集合を $\mathbb{R}$ で，複素数全体の集合を $\mathbb{C}$ で表し，0 以上の整数の集合を $\mathbb{Z}_+$，自然数全体の集合を $\mathbb{N}$ で表す．

> **定理 1**　$|c_n| \leqq 1$ $(n \in \mathbb{Z}_+)$ ならば冪級数 $\sum_{n=0}^{\infty} c_n x^n$ のとき収束する.

系　ある $R > 0$ に対して $|c_n| \leqq R^n$ $(n \in \mathbb{Z}_+)$ ならば, 冪級数 $\sum_{n=0}^{\infty} c_n x^n$ は $|x| < \dfrac{1}{R}$ のとき収束する.

　代表的な冪級数は, 関数の一般的な表示式として重要なマクローリン[※13]級数です. 与えられた関数のマクローリン級数の求め方を述べておきましょう. 一般に, 区間 $(-a, a)(a \in \mathbb{R})$ 上で定義された関数 $f : (-a, a) \to \mathbb{C}$ に対し, $(-a, a)$ 内の各点 x で $\lim_{h \to 0} \dfrac{f(x+h) - f(x)}{h}$ が存在するとき[※14], 関数 $x \longmapsto \lim_{h \to 0} \dfrac{f(x+h) - f(x)}{h}$ を f の**導関数**と呼び f' または $f'(x)$ で表します[※15]. 関数 $f' : (-a, a) \to \mathbb{C}$ が連続, すなわちすべての $x \in (-a, a)$ に対して $\lim_{h \to 0} f'(x+h) = f'(x)$ であるとき, f は

[※13]　C. Maclaurin 1698-1746. 英国（スコットランド）の数学者

[※14]　詳しく言うと, 「ある関数 $g : (-a, a) \to \mathbb{C}$ が存在して, 任意の $x \in (-a, a)$ および任意の正数 ϵ に対して正数 $\delta = \delta(f, x, \epsilon)$ を条件

　　$0 < |h| < \delta$ をみたすすべての h に対して

$$\left| \frac{f(x+h) - f(x)}{h} - g(x) \right| < \epsilon.$$

をみたすように取ることができるとき」.

[※15]　例えば $f(x) = x^2$ だと, $f(x+h) = (x+h)^2 = x^2 + 2xh + h^2$ だから $f'(x) = \lim_{h \to 0} \dfrac{x^2 + 2xh + h^2 - x^2}{h^2} = \lim_{h \to 0} (2x + h) = 2x$. 一般に $f(x) = x^n$ なら 2 項定理 $(x+h)^n = \sum_{k=0}^{n} \dfrac{n!}{k!(n-k)!} x^k h^{n-k}$ より $f'(x) = nx^{n-1}$.

$(-a, a)$ 上で C^1 級であると言います. f' が C^1 級であるとき f は C^2 級であると言い,$(f')'$ を f'' と書き,f の **2 階導関数**と呼びます. f の **n 階導関数** $f^{(n)}$ の定義は $f^{(n)} = (f^{(n-1)})'$(ただし右辺が存在するとき)とします. f が $\lim_{h \to 0} f(x+h) = f(x)$ $(x \in (-a, a))$ の意味で連続である時,f は C^0 級であるとも言い $f^{(0)} := f$ とおきます. f の**マクローリン級数**とは冪級数

$$\sum_{n=0}^{\infty} \frac{f^{(n)}(0)}{n!} x^n \tag{7}$$

を言います. (6) は関数 $\frac{a}{1-x}$ のマクローリン級数が $\sum_{n=0}^{\infty} ax^n$ であるとも読めます. 多くの場合マクローリン級数は収束し,$f(x)$ の一つの表現を与えます. その例として

$$\cos x = \sum_{n=0}^{\infty} \frac{(-1)^n}{(2n)!} x^{2n} \tag{8}$$

$$\sin x = \sum_{n=1}^{\infty} \frac{(-1)^{n-1}}{(2n-1)!} x^{2n-1} \tag{9}$$

$$e^x = \sum_{n=0}^{\infty} \frac{1}{n!} x^n \tag{10}$$

があります[※16].

[※16] (8) と (9) の右辺がそれぞれ $\cos x$ と $\sin x$ のマクローリン級数であることは,三角関数の加法定理と

$$\lim_{h \to 0} \frac{\sin h}{h} = 1$$

から従う等式 $(\cos x)' = -\sin x$, $(\sin x)' = \cos x$ の帰結であり,(10) の右辺が e^x のマクローリン級数であることは,指数法則と e の定義 $e := \lim_{n \to \infty} \left(1 + \frac{1}{n}\right)^n$ より $(e^x)' = e^x$ となることの結果である. 等式 (8)〜(10) はすべての $x \in \mathbb{R}$ に対して成立する.

これらの厳密な証明[17] はコーシー[18] によって初めて与えられました．(8)〜(10) の右辺は x が複素数であっても収束しますから，$z \in \mathbb{C}$ に対して $\cos z, \sin z, e^x$ をそれぞれ対応する冪級数によって定義することにより，三角関数と指数関数を，複素変数 z の複素数値関数として拡張することができます．オイラーの等式 $e^{iz} = \cos z + i \sin z$ はその簡単な帰結です[19]．

(5) において $a_n = \dfrac{c_n}{n^s}$ $(n \in \mathbb{N}, s \in \mathbb{C})$ [20] であるものを**ディリク レ級数**と言います．ディリクレ級数は級数 (1)，(3) の一般化です．

■ ルジャンドルの予想 ■

オイラーは整数論の問題を素数の分布に結びつけて考察した最初の人で，ルジャンドルはその観点を継承しながら平方剰余の相互法則の証明を試みました．その事情が窺われる [L] の序文は次のように結ばれています．

一般に，a を任意に与えられた (自然) 数とすれば，すべての奇数は $2a$ 未満の奇数 b を用いて $4ax \pm b$ の形で表せる．同じことだが，b を正の奇数で $4a$ 未満であるとすれば $4ax + b$ の形

---

[17] [T] などの微積分学の教科書を参照．

[18] A. L. Cauchy 1789-1857. フランスの数学者

[19] i を z の前に書くのは見やすさのため

[20] $n^s := e^{s \log n}$. $\log n$ は $e^{\log n} = n$ を満たす実数．

で書ける．このような b を a と互いに素でないものを除いて走らせれば，$4ax+b$ は $4a$ の素因子以外の素数をすべて尽くす．この形が何通りあるかを数えると，それらは，$4a$ 未満で $4a$ と互いに素な数の個数だけある．よって $4a = 2^m \alpha^n \mathcal{C}^p$, etc ．（$\alpha, \mathcal{C}$, etc. は素数）のときその総数は

$$ \mathrm{a} = 4a\left(1 - \frac{1}{2}\right)\left(1 - \frac{1}{\alpha}\right)\left(1 - \frac{1}{\mathcal{C}}\right), \text{etc.} $$

で与えられる．

　例えば $a = 60$ ならば $a = 16$ となる．従って 2, 3, 5 という 60 の約数を除くすべての素数は，60 の倍数に関連して（60 を法として）16 通りに区分けされる．すなわち

$$ 60x + 1, \ 60x + 7, \ 60x + 11, \ 60x + 13, $$
$$ 60x + 17, \ 60x + 19, \ 60x + 23, \ 60x + 29, $$
$$ 60x + 31, \ 60x + 37, \ 60x + 41, \ 60x + 43, $$
$$ 60x + 47, \ 60x + 49, \ 60x + 53, \ 60x + 59 $$

である．さらに，これらの 16 通りの形をした素数たちは等分布をする，すなわちそれらの個数は比率において次第に対等になっていくことが証明されるであろう．

　しかし残念なことに [L] のどこを見てもこの証明は書かれていません．このように，素数の分布と級数の収束の関係性というものは，オイラーとルジャンドルにより整数論の重要な話題になってはいたものの，彼らがたどり着いたのはまだ大きな山への登り口に過ぎなかったのです．

　この証明に成功したのはディリクレ [D] で，それはある種のディリクレ級数の収束条件や，それが表す関数の零点の位置が明確

になった結果でした．ディリクレの議論の大筋はオイラーとルジャンドルの路線に沿っていますが，関数を一意対応として明確に対象化し，天体力学はおろか幾何学や代数学からも一旦離して解析学の立場で研究したことが特徴かと思います．冪級数やディリクレ級数の研究の発端が円周率の計算であったことは注目すべきことですので，しばらくその経緯を振り返ってみましょう．

▨▨▨ 円周率と無限級数 ▨▨▨▨▨▨▨▨▨▨▨▨▨▨▨

冪級数とディリクレ級数のどちらを使っても円周率を表す式が作れます．まず冪級数を使った式ですが，和算における開円法の極致ともいうべき建部の公式

$$\frac{\pi}{6} = 2\sqrt{\frac{1^2 \cdot 1^2}{2 \cdot 1}\left(\frac{1}{2}\right)^2 + \frac{2^2 \cdot 1^2}{4 \cdot 3 \cdot 2 \cdot 1}\left(\frac{1}{2}\right)^4 + \frac{2^4 \cdot (2 \cdot 1)^2}{6 \cdot 5 \cdot 4 \cdot 3 \cdot 2 \cdot 1}\left(\frac{1}{2}\right)^6 + \cdots}$$

は，微小な円弧とそれが張る弦の差を数値的に近似することにより発見されました．これは実質的には $\sin\frac{\pi}{6} = \frac{1}{2}$ と同等で，$\arcsin x$ のマクローリン級数を求めたことになっています．和算に題材を採った小説である『算法少女』[E] の中に，主人公がオランダの書物に書かれた公式

$$\pi = 3\left(1 + \frac{1}{4} \cdot \frac{1^2}{3!} + \frac{1}{4^2} \cdot \frac{1^2 \cdot 3^2}{5!} + \frac{1}{4^3} \cdot \frac{1^2 \cdot 3^2 \cdot 5^2}{7!} + \cdots\right)$$

を見せられて驚く下りがありますが，作者が意図したかどうかは別として，和算の滅亡と重なり胸を突かれる場面です．ちなみに，

1900 年にパリで行われた ICM における講演で, 藤沢利喜太郎[21] は(非常にへりくだった表現で)建部の公式を紹介しています.

ディリクレ級数による表示はもっと素朴な

$$\frac{\pi}{4} = 1 - \frac{1}{3} + \frac{1}{5} - \frac{1}{7} + \frac{1}{9} - \cdots + \frac{(-1)^{n+1}}{2n-1} + \cdots \qquad (11)$$

で, この式はマーダヴァ[22], グレゴリー[23] およびライプニッツ[24] によって発見されました. (11)の右辺はディリクレ級数の形をしていますが, 等式を導くためには, 正接関数 $\tan x$: $\left(-\frac{\pi}{2}, \frac{\pi}{2}\right) \to (-\infty, \infty)$ の逆関数 $\arctan x$ のマクローリン級数表示

$$\arctan x = x - \frac{1}{3}x^3 + \frac{1}{5}x^5 - \frac{1}{7}x^7 + \cdots \quad (\text{ただし}\,|x|<1)^{[25]}$$

を用います. $x \nearrow 1$ のとき[26] 左辺は $\arctan 1 = \frac{\pi}{4}$ に, 右辺は

$$1 - \frac{1}{3} + \frac{1}{5} - \frac{1}{7} + \frac{1}{9} - \cdots + \frac{(-1)^{n+1}}{2n-1} + \cdots \text{ に収束しますから (11)}$$

---

[21] 1861-1933. 日本の近代数学の草分けの一人(高木貞治の先生).

[22] Mādhava of Saṃgamagrāma 1340 または 1350-1425. インドの西南部のケーララ地方で 1380〜1420 頃活躍した.

[23] J. Gregory 1638-75. イギリスの数学者.

[24] G. W. Leibniz 1646-1716. ドイツの哲学・数学者. ニュートンと同時に微積分学を創始した.

[25] $\arctan x$ の導関数が $\frac{1}{1+x^2}$ であることと $\frac{1}{1+x^2} = \sum_{n=0}^{\infty}(-1)^n x^{-2n}$ を用いれば容易に計算できる.

[26] x が小さい方から 1 に限りなく近づくとき

が得られます[27]. オイラーはこの特別なディリクレ級数を無限積に変形して

$$\frac{\pi}{4} = \frac{3}{4} \cdot \frac{5}{4} \cdot \frac{7}{8} \cdot \frac{11}{12} \cdot \frac{13}{12} \cdot \frac{17}{16} \cdot \frac{19}{20} \cdot \frac{23}{24} \cdots$$

を得ていますが[28], オイラー自身がもっとも誇りに思った発見は等式

$$\sum_{n=1}^{\infty} \frac{1}{n^2} = \frac{\pi^2}{6} \tag{12}$$

であったと思われます. これは後に L 関数という整数論で重要なディリクレ級数の深い理論へとつながり, リーマンが関数 $\zeta(s) = \sum_{n=1}^{\infty} \frac{1}{n^s} (s > 1)$ [29] の隠れた対称性を探り当てるための最重要の第一歩となりました[30].

　オイラーによる (12) の証明は, $\sin x$ の二つの表示式を突き合わせるだけの事でした. 一つはマクローリン級数 (9) で, もう一

---

[27] 無限級数 $1 - \frac{1}{3} + \frac{1}{5} - \frac{1}{7} + \frac{1}{9} - \cdots$ は収束が極めて緩慢なことでも有名で, 最初の 500 万項の和は 3.1415926535… と小数点以下第 6 位までしか一致しないことが知られている. cf. Leibniz formula for π, Wikipedia

[28] $\frac{p}{p-1}$ (p は素数で $4n+1$ 型) と $\frac{p}{p+1}$ (p は素数で $4n-1$ 型) を分母が小さい方から並べて掛け合わせたもの. $4n+1$ 型の素数と $4n-1$ 型の素数が $n \to \infty$ のときに等分布することを使えばこの収束性が示せる.

[29] これを「解析接続」により複素平面上に拡張したものを**リーマンのゼータ関数**という.

[30] 2 歩目が (4) で 3 歩目が (1). ちなみに, (12) の右辺の収束も緩慢であったので, オイラーは予測値 $\frac{\pi^2}{6}$ を出すため収束を早める工夫 (「オイラー・マクローリンの公式」による) をした.

つは無限積への因数分解

$$\sin x = x \prod_{n=1}^{\infty} \left(1 - \frac{x^2}{\pi^2 n^2} \right) \tag{13}$$

です[31]．実際，(13) の右辺を展開して x^3 の係数を見ると，$-\sum_{n=1}^{\infty} \frac{1}{\pi^2 n^2}$ が現れますから，これと (9) を比べて (12) が得られます．

(13) の右辺を二つに「割る」と，ガンマ関数という，$\mathbb{N}$ 上の関数 $n \longmapsto (n-1)!$ を $\mathbb{R} \backslash \{0, -1, -2, \cdots\}$ 上へと拡張した関数が現れます．これを使ってリーマンはゼータ関数の対称性を記述するのですが，次回はその方向に話を進めましょう．

補足 1　$4n+1$ 型の素数が無限個あることの証明[32]

> **補助定理**　x^2+1 の形の数の素因数は 2 か $4n+1$ の形である．

証明　2 以外の素数 p に対して

$$x^2 + 1 \equiv 0 \pmod{p}$$

であれば，$x^2 \equiv -1 \pmod{p}$ よって $x^4 \equiv 1 \pmod{p}$ となるが，$p \neq 2$ だから $x^2 \not\equiv 1 \pmod{p}$ でなければならず，したがって x は 4 乗してはじめて p で割って 1 余る数になる．一方，x は p の倍

---

[31]　補足 2 を参照．

[32]　高木貞治著『初等整数論講義』第 1 章 §10 p.55-p.56 による．

数ではないのでフェルマーの小定理[※33] より $x^{p-1} \equiv 1 \pmod{p}$ を満たす．$p-1 = 4n+r \, (0 \le r < 4)$ とすると，$x^{p-1} = x^{4n+r} \equiv x^r$ より $x^r \equiv 1$ だが，x は4乗してはじめて1と合同になったから $r=0$，すなわち $p-1 = 4n$ である．ゆえに $p = 4n+1$． □

　もし $4n+1$ 型の素数が有限個しかなかったとすると，それらを全部掛け合わせたものを N とし，$4N^2+1$ の素因数を見る．まずこれらは奇数だから補助定理よりすべて $4n+1$ 型になるが，同時に N の決め方より N の約数でなければならず，従って $4N^2+1$ の約数ではありえない．これは不合理なので，4で割って1余る素数は無限に存在することが示せたことになる．

補足2　(13) の証明[※34]

$$\cos(n+1)x = \cos nx \cos x - \sin nx \sin x$$
$$= \cos nx \cos x - \frac{\sin nx}{\sin x}(1 - \cos^2 x)$$

および

$$\frac{\sin(n+1)x}{\sin x} = \cos nx + \frac{\sin nx}{\sin x}\cos x$$

より，ある n 次多項式 $f_n(t)$ が存在して

$$\frac{\sin(n+1)x}{(n+1)\sin x} = f_n(\cos x) \tag{14}$$

[※33] 第2話の定理2の系

[※34] ここの証明は https://mathlog.info/articles/562 によった．

となる．f_n の決め方から

$$f_{2n}(-\cos x) = \frac{\sin(2n+1)x}{(2n+1)\sin x} = f_{2n}(\cos x).$$

よって $f_{2n}(\cos x)$ は $\cos^2 x$ の，従って $\sin^2 x$ の多項式であるか
ら，多項式 $g_{2n}(t)$ が存在して $f_{2n}(\cos x) = g_{2n}(\sin x)$ となるが，
(14) を見ればわかるように $g_{2n}(\sin x)$ の零点は

$$x = \mp \frac{k\pi}{2n+1} \quad (k = 1, 2, \cdots, n)$$

だから

$$g_{2n}(t) = C_{2n} \prod_{k=1}^{n} \left(t - \sin\frac{\pi k}{2n+1}\right)\left(t + \sin\frac{\pi k}{2n+1}\right).$$

よって

$$\frac{\sin(2n+1)x}{(2n+1)\sin x} = C_{2n} \prod_{k=1}^{n} \left(\sin^2 x - \sin^2\frac{\pi k}{2n+1}\right).$$

$x \to 0$ として

$$C_{2n} = (-1)^n \prod_{k=1}^{n} \frac{1}{\sin^2\frac{\pi k}{2n+1}}$$

が得られる．従って

$$\frac{\sin(2n+1)x}{(2n+1)\sin x} = \prod_{k=1}^{n} \left(1 - \frac{\sin^2 x}{\sin^2\frac{\pi k}{2n+1}}\right).$$

x に $\dfrac{x}{2n+1}$ を代入し，$n \to \infty$ とすれば

$$\lim_{n\to\infty} \frac{\sin\frac{x}{2n+1}}{\sin\frac{\pi k}{2n+1}} = \frac{x}{\pi k}$$

なので

$$\frac{\sin x}{x} = \prod_{k=1}^{\infty} \left(1 - \frac{x^2}{\pi^2 k^2}\right)$$

が得られる.

参考文献

［D］Dirichlet, L., : Werke (I and II) 1969 Chelsea Pub Co

［Dd］Dedekind, R., 数とは何かそして何であるべきか　ちくま学芸文庫　リヒャルト・デデキント (著), 渕野昌 (訳) 2013

［E］遠藤寛子　算法少女　ちくま学芸文庫　2006 (初版は 1974 年, 岩崎書店より)

［K-O］小林秀雄・岡潔　人間の建設　新潮文庫　2010.

［L］Legendre, A. M., *Theorie des nombres, troisième èdition* (全二巻で, 第一巻の邦訳は「数の理論」高瀬正仁訳, 海鳴社, 2007).

［T］高木貞治　定本解析概論　2010　岩波書店

第5話

関数の分解

　岡潔先生の「函数とは二数の関係をいう」は簡にして要を得た説明ですが，この関係はしばしば基本的な要素へと分解することができます．基本的要素は物質であれば素粒子で，生物であればDNAといったところでしょうが，関数の場合，マクローリン展開と並んで多項式の因数分解を広げた形の分解が重要で，その場合は1個の零点を持つ簡単な関数が基本的要素です．したがって零点の分布は関数については重要な情報です．例の「割算書」の毛利重能であれば，きっと関数の割り算には強い興味を示したでしょうし，特に $\frac{\sin \pi x}{\pi x}$ を二つに割ったら階乗関数が出てくる[※1]という話にはぐいと身を乗り出したかもしれません．素因数分解の研究から実質的にオイラー関数に達した久留島義太も，即座にこの分解の重要性を察知すると思われます．オイラーによるゼータ関数の無限積への分解は，素数分布の研究への第一歩だったわけで

[※1]　正確には「階乗関数の逆数が出てくる.」

すが，この分解を三角関数の無限積分解と連携させる過程で自然に現れるのが，階乗関数を「補間」した形の**ガンマ関数**です．今回はこのガンマ関数が三角関数の無限積分解から自然に現れることとガンマ関数の積分表示について述べ，リーマンによるゼータ関数の関数等式へと進む準備にしたいと思います．

■ $\sin \pi x / \pi x$ の二分割 ■

多項式の因数分解と同様，関数の分解は零点の分布状況をもとにして構成します．$\sin \pi x$ はすべての整数を零点とする関数の中で最も代表的なものと言えるでしょう．今回は $\sin \pi x / \pi x$ を正整数だけを零点にもつ関数と負整数だけを零点に持つ関数の積へと分解することから始めましょう．

負整数だけを零点に持つもっとも簡単な関数として，収束する無限積[※2] で定義される関数

$$G(x) = \prod_{n=1}^{\infty} \left(1 + \frac{x}{n}\right) e^{-x/n} \tag{1}$$

が考えられます．これを $\sin x$ の無限積展開と合わせればただちに

$$x G(x) G(-x) = \frac{\sin \pi x}{\pi} \tag{2}$$

が得られます．いわば $\frac{\sin \pi x}{\pi x}$ を雌雄二体に割ったものが $G(x)$ と $G(-x)$ です．作り方から，$G(x)$ は何か簡単な性質を持つと期待できます．$G(x-1)$ の零点は $x=0$ と $G(x)$ の零点ですから

[※2] 無限級数と同様に，途中までの積で定まる数列で収束を定義する．ただし 0 に収束するものは除外して考える．

$$G(x-1) = xe^{\gamma(x)}G(x) \qquad (3)$$

と書けます. この $\gamma(x)$ の性質を詳しく調べることが可能です. 実際, (3) の両辺の対数の導関数をとると方程式

$$\sum_{n=1}^{\infty}\left(\frac{1}{x-1+n} - \frac{1}{n}\right) = \frac{1}{x} + \gamma'(x) + \sum_{n=1}^{\infty}\left(\frac{1}{x+n} - \frac{1}{n}\right) \qquad (4)$$

が得られますが[※3], 左辺を少し変形して

$$\sum_{n=1}^{\infty}\left(\frac{1}{x-1+n} - \frac{1}{n}\right) = \frac{1}{x} - 1 + \sum_{n=1}^{\infty}\left(\frac{1}{x+n} - \frac{1}{n}\right)$$

$$= \frac{1}{x} - 1 + \sum_{n=1}^{\infty}\left(\frac{1}{x+n} - \frac{1}{n}\right) + \sum_{n=1}^{\infty}\left(\frac{1}{n} - \frac{1}{n+1}\right)$$

とすると, 最後の級数の和は 1 で, ゆえに (4) から $\gamma'(x) = 0$ となり, 従って γ は定数となります. (3) で $x=1$ とすると左辺 $= G(0) = 1$ であり, 右辺 $= e^\gamma G(1)$ ですから

$$e^{-\gamma} = \prod_{n=1}^{\infty}\left(1 + \frac{1}{n}\right)e^{-1/n}$$

$$= \lim_{n\to\infty}(n+1)e^{-\left(1 + \frac{1}{2} + \frac{1}{3} + \cdots + \frac{1}{n}\right)}$$

となり,

$$\gamma = \lim_{n\to\infty}\left(1 + \frac{1}{2} + \frac{1}{3} + \cdots + \frac{1}{n} - \log n\right)$$

が得られます[※4].

$$\Gamma(x) = \frac{1}{xe^{\gamma x}G(x)}$$

とおくと, (3) により Γ は簡単な等式 $\Gamma(x+1) = x\Gamma(x), \Gamma(1) = 1$

[※3] 関数 f の対数とは $e^g = f$ を満たす関数 $g\,(:=\log f)$ をいい, ここでは $g' = \dfrac{f'}{f}$ であることを用いている.

[※4] 定数 γ は**オイラーの定数**と呼ばれ, その近似値は 0.57722 だが無理数かどうかも不明である.

$=x\Gamma(x), \Gamma(1)=1$ をみたします. 特に $\Gamma(n)=(n-1)!\ (n\in\mathbb{N})$ となります. $\Gamma(x)$ を (オイラーの) **ガンマ関数**[※5] と言います.

$$\Gamma(x)=\frac{e^{-\gamma x}}{x}\prod_{n=1}^{\infty}\left(1+\frac{x}{n}\right)^{-1}e^{x/n}$$

となり, (2) は

$$\Gamma(x)\Gamma(1-x)=\frac{\pi}{\sin\pi x}$$

の形になります[※6]. ここから $\zeta(s)$ の対称性へと話を進めていきましょう.

▦ 定積分と開円法など ▦

　関数の様々な分解を組み合わせて関数間の関係を適切に記述するためには, 微分 $f\longmapsto f'$ やその逆である積分を用いる必要があります. $\Gamma(x)$ を $\zeta(s)$ に結びつけるためには定積分が必要ですので, ここで定義と基本的性質を手短に述べておきましょう.

　弧長や面積の計算では, 関数 f に導関数 f' を対応付ける演算 (微分) とは逆の演算 (積分) が問題になります. 一般に, $f:(-a,a)\to\mathbb{C}$ を C^0 級の関数とするとき C^1 級の関数 $F:(-a,a)\to\mathbb{C}$ で, $F'(x)=f(x)(x\in(-a,a))$ かつ $F(0)=0$ をみたすものが存在します. この $F(x)$ を $\int_0^x f(t)dt$ で表します. F は f から

$$F(x)=\lim_{n\to\infty}\sum_{k=1}^{n}f\left(\frac{kx}{n}\right)\frac{x}{n} \tag{5}$$

[※5]　ルジャンドルがこう呼び記号 Γ を用いた.

[※6]　ガンマ関数についての上の記述は [A] を参考にした.

によってただ一つ定まります. $b, c \in (-a, a)$ に対して

$$\int_b^c f(x)\,dx := F(c) - F(b)$$

とおきます. つまり $\int_b^c f(x)\,dx$ を

$$\int_0^c f(x)\,dx - \int_0^b f(x)\,dx$$

によって定義します.

$\int_b^c f(x)\,dx$ を $f(x)$ の (b から c までの) **定積分**または単に**積分**と言います. 定義からただちに

$$\int_b^c (\xi f(x) + \eta g(x))\,dx = \xi \int_b^c f(x)\,dx + \eta \int_b^c g(x)\,dx \quad (\xi, \eta \in \mathbb{C})$$

および

$$|f(x)| \leqq M \ (M \geqq 0, x \in (-a, a))$$

$$\Longrightarrow \left| \int_b^c f(x)\,dx \right| \leqq M |c - b|$$

となります.

4 分円 $\{(x, y) ; 0 \leqq y \leqq \sqrt{1-x^2}, 0 \leqq x \leqq 1\}$ の面積は (5) から

$$\frac{\pi}{4} = \int_0^1 \sqrt{1-x^2}\,dx$$

と定積分の形で表せるので, $\sqrt{1-x^2}$ のマクローリン展開を使って π の近似値が計算できます[7].

これらのマクローリン展開式を一般化したものがニュートンの一般 2 項展開の公式

$$(1+x)^\alpha = 1 + \alpha x + \frac{\alpha(\alpha-1)}{2!}x^2 + \frac{\alpha(\alpha-1)(\alpha-2)}{3!}x^3 + \cdots$$

---

[7] 建部の公式 (第 4 話) は, 円弧の長さを無限級数で書いたものであった.

$$= \sum_{k=0}^{\infty} \frac{\alpha(\alpha-1)\cdots(\alpha-k+1)}{k!} x^k \quad |x| < 1 \tag{6}$$

です. ニュートンがパスカル[※8] の三角形

$$1 = (1+x)^0,\ 1+x,\ (1+x)^2 = 1+2x+x^2,$$
$$(1+x)^3 = 1+3x+3x^2+x^3,\cdots$$

から (6) に想到したことは有名です[※9].

　このように,「開円法」に端を発する公式が, ニュートンの微積分法[※10] の出発点にありますが, ニュートンと同じ頃, ドイツではライプニッツが同様の考察から微積分に達し, ライプニッツの影響を受けたベルヌイ兄弟がスイスのバーゼルで活躍しました. 弟のヨハン・ベルヌイ[※11] はヨーロッパ第一の数学者を自認した人で, オイラーの先生です. 兄のヤコープ・ベルヌイ[※12] は幂和 $1^k + 2^k + 3^k + 4^k + 5^k + \cdots + n^k$ を効率的に計算する式を研究し, 関数 $\dfrac{x}{e^x - 1}$ のマクローリン級数表示

$$\frac{x}{e^x - 1} = \sum_{n=0}^{\infty} B_n \frac{x^n}{n!}$$

により定義される**ベルヌイ数** B_n や

$$\frac{xe^{sx}}{e^x - 1} = \sum_{n=0}^{\infty} B_n(s) \frac{x^n}{n!}$$

[※8]　B. Pascal, 1623-1662. フランスの哲学者, 自然哲学者, 物理学者, 思想家, 数学者, キリスト教神学者, 発明家, 実業家.

[※9]　一般に広く知られるパスカルの三角形はこれらの係数を 1 を頂点とする三角形状に配置したもので, フランスでは地下鉄の駅の壁などにこれが投影されたりして親しまれている.

[※10]　ニュートン自身は流率法と呼んでいた.

[※11]　Johan Bernolli (1667-1748)

[※12]　Jacob Bernoulli (1655-1705)

で定まる**ベルヌイ多項式** $B_n(s)$ を導入して

$$1^k+2^k+\cdots+n^k=\frac{B_{k+1}(n+1)-B_{k+1}(1)}{k+1}$$

を示しました[13]. $\sum_{n=1}^{\infty}\frac{1}{n^2}$ を求めよという問題は 1650 年にピエト
ロ・メンゴリ[14] が提出しましたが，ベルヌイ兄弟とオイラーにち
なんでバーゼル問題と呼ばれています．前回述べたようにオイラ
ーが $\sin x$ の無限積展開を用いてこれを鮮やかに解決しました．こ
れは 1735 年のことで，ガンマ関数の研究はこれをまたいで 1729
年と 1738 年になされました．ちなみに，オイラーがゼータ関数の
無限乗積への分解

$$\zeta(s)=\sum_{n=1}^{\infty}\frac{1}{n^s}=\prod_{p:素数}\frac{1}{1-p^{-s}}\quad(s>1)$$

を発見したのは 1737 年のことでした． $\sin x$ の展開が $\zeta(s)$ の展開
に先立っていたことは気に留めておいてもよいかと思います．

元祖ガンマ関数と積分表示

1729 年，オイラーは

$$\Gamma(x):=\lim_{n\to\infty}\frac{n^x n!}{\prod_{k=0}^{n}(x+k)}\tag{7}$$

によってガンマ関数 $\Gamma(x)$ を導入しました[15]． x が自然数 m なら

---

[13] 関孝和の数多くある業績の中には自然にベルヌイ数が現われ，しかもベルヌイ
自身の遺著 Ars Conjectandi (1713) における記述よりも詳細である（cf. [O]）.

[14] Pietro Mengoli 1626-1686. イタリアの数学者兼牧師

[15] ただし記号 $\Gamma(x)$ は 1814 年にルジャンドルが導入したものが定着した.

$$\frac{n^m n!}{m(m+1)(m+2)\cdots(m+n)} = \frac{(m-1)!n^m n!}{(m+n)!}$$

$$= \frac{(m-1)!}{(\frac{1}{n}+1)(\frac{2}{n}+1)\cdots(\frac{m}{n}+1)} \to (m-1)! \ (n \to \infty)$$

となるので $\Gamma(m)=(m-1)!$ であり，$\Gamma(x)$ は階乗関数の自然な拡張になっています．(7) の右辺によって Γ の定義域は同じ式で $\mathbb{C}\backslash\{0\}$ まで広がります．これが前々節で述べた

$$\Gamma(x) = \frac{e^{-\gamma x}}{x}\prod_{n=1}^{\infty}\left(1+\frac{x}{n}\right)^{-1} e^{x/n}$$

による定義[※16] と矛盾しないことは，$\Gamma(x+1)=x\Gamma(x)$ を用いた式変形

$$\Gamma(x+1) = e^{-\gamma x}\lim_{n\to\infty}\frac{e^x}{1+x}\frac{e^{\frac{x}{2}}}{1+\frac{x}{2}}\cdots\frac{e^{\frac{x}{n}}}{1+\frac{x}{n}}$$

$$= \lim_{n\to\infty}e^{\left(-\gamma+1+\frac{1}{2}+\cdots+\frac{1}{n}\right)x}\prod_{k=1}^{n}\frac{1}{1+\frac{x}{k}}$$

$$= \lim_{n\to\infty}e^{x\log n}\prod_{k=1}^{n}\frac{1}{1+\frac{x}{k}} = \lim_{n\to\infty}n^x\prod_{k=1}^{n}\frac{1}{1+\frac{x}{k}}$$

$$= \lim_{n\to\infty}\frac{n!n^x}{(x+1)(x+2)\cdots(x+n)}$$

より明らかでしょう．オイラーがガンマ関数を (7) で導入[※17] した理由は，これが $n!$ を正の実数全体へと拡張するために自然な式だったからでしょう．

バーゼル問題の解決に見られるごとくオイラーは無限積と無限和の関係を深く考察しましたが，その手段として新しい関数を導

[※16] ワイアシュトラス（K. Weierstrass 1815-97）による．

[※17] 1729 年の Goldbach 宛ての手紙には

$$\Gamma(x) = \frac{1}{x}\prod_{n=1}^{\infty}\left\{\left(1+\frac{1}{n}\right)^x\left(1+\frac{x}{n}\right)^{-1}\right\}$$ の形で書かれていた．

入してそれらの性質を詳しく調べました．1738 年，オイラーは
$\Gamma(x)$ に (7) とは全く異なる表現を与えました．それは定積分の性
質を利用する方法です．例えば指数関数 e^x の重要な性質である指
数法則 $e^{x+y} = e^x e^y$ は，e^x の逆関数である対数関数 $\log x$ がみた
す等式

$$\log x = \int_1^x \frac{1}{t} dt$$

を使って

$$\int_1^x \frac{1}{t} dt + \int_1^y \frac{1}{t} dt = \int_1^{xy} \frac{1}{t} dt$$

という形でも表せますが，この式は

$$\int_1^{xy} \frac{1}{t} dt = \int_1^x \frac{1}{t} dt + \int_x^{xy} \frac{1}{t} dt$$
$$= \int_1^x \frac{1}{t} dt + \int_1^y \frac{1}{t} dt$$

という計算で導けます．オイラーは (7) の後，1730 年ごろ定積分

$$B(x,y) := \int_0^1 t^{x-1} (1-t)^{y-1} dt \left(:= \lim_{\epsilon \searrow 0} \int_\epsilon^1 t^{x-1} (1-t)^{y-1} dt \right)$$
$$(x, y > 0)$$

を導入しました．これはルジャンドルによって第一種オイラー積
分と呼ばれ，**ベータ関数**の名で知られる関数です[18]．オイラーが
$B(x,y)$ をひねり出したのは

$$\int_{-1}^1 \frac{1}{\sqrt{1-x^2}} dx = \pi, \ \int_{-1}^1 \sqrt{1-x^2} \, dx = \frac{\pi}{2}$$

などに絡んでいそうですが，実のところはガンマ関数の積分表示
を得るためでした．発端は等式

---

[18] ベータ関数の命名はガンマ関数の後で，19 世紀になってからのようである．

$$n! = \lim_{m \to \infty} \frac{m!\,(m+1)^n}{(n+1)(n+2)\cdots(n+m)}$$

の右辺に $n = \dfrac{1}{2}$ を代入すると答えが $\sqrt{\pi}$ となることでした．オイラーは等式

$$\left[\left(\frac{1}{2}\right)^n \frac{1}{n+1}\right]\left[\left(\frac{3}{2}\right)^n \frac{2}{n+2}\right]\left[\left(\frac{4}{3}\right)^n \frac{3}{n+3}\right]\cdots = n!$$

の左辺に $n = \dfrac{1}{2}$ を代入した式とウォリス[19]の公式

$$\left(\frac{2\cdot 2}{1\cdot 3}\right)\left(\frac{4\cdot 4}{3\cdot 5}\right)\left(\frac{6\cdot 6}{5\cdot 7}\right)\left(\frac{8\cdot 8}{7\cdot 9}\right)\cdots = \frac{\pi}{2}$$

の左辺を比較して，この答えを得ています[20]．これによって階乗関数と定積分の関係に想到したオイラーは，等式

$$\int_0^1 x^e (1-x)^n dx = \frac{1\cdot 2\cdots n}{(e+1)(e+2)\cdots(e+n+1)}$$

の右辺の分母を消去することによって $n!$ の積分表示を得ようとしました．その結果，通常の感覚では奇妙奇天烈に見える天才的な式変形を経由して，オイラーは

$$\int_0^1 \left(\log\frac{1}{x}\right)^n dx \ \left(:= \lim_{\epsilon \searrow 0} \int_\epsilon^1 \left(\log\frac{1}{x}\right)^n dx\right) = n!$$

を発見し，ついに積分表示

$$\Gamma(x) = \int_0^1 \left(\log\frac{1}{t}\right)^{x-1} dt$$

に到達しました．この式は，定積分の定義と合成関数の微分法 $(f \circ g)' = (f' \circ g)\cdot g'$ より従う簡単な計算法則（置換積分）により，ルジャンドルが第二種オイラー積分と呼んだ式

---

[19] John Wallis (1616-1703) イギリスの数学者

[20] cf. [D]

$$\int_0^\infty e^{-x} x^{s-1} dx \left(:= \lim_{\epsilon \searrow 0, R \nearrow \infty} \int_\epsilon^R e^{-x} x^{s-1} dx \right) \ (s > 0)$$

へと書き換えることができ，公式

$$\Gamma(s) = \int_0^\infty e^{-x} x^{s-1} dx \quad (s > 0) \tag{8}$$

が得られます[※21]．

　少しベータ関数について補足しますと，定義からただちに $B(x, y) = B(y, x)$ ですが，導関数のライプニッツ則 $(fg)' = f'g + fg'$ に由来する定積分の変形法（部分積分）により $xB(x, y+1) = yB(x+1, y)$, $B(x, y) = B(x+1, y) + B(x, y+1)$, $(x+y)B(x, y+1) = yB(x, y)$ の成立がわかります．この結果

$$B(m, n) = \frac{(m-1)!(n-1)!}{(m+n-1)!}$$
$$= \frac{\Gamma(m)\Gamma(n)}{\Gamma(m+n)} \ (m, n \in \mathbb{N})$$

が得られます．

$$B(x, y) = \frac{\Gamma(x)\Gamma(y)}{\Gamma(x+y)} \tag{9}$$

は積分による $\Gamma(x)$ の定義から従います[※22]．これを用いて

$$\int_0^\infty e^{-x} x^{s-1} dx = \lim_{n \to \infty} \frac{n^s n!}{\prod_{k=0}^n (s+k)}$$

が示せますが，ひとまずこれを認めて話を進めましょう．

　(8)で x を nx におきかえて式を書き換えますと

$$n^{-s} \Gamma(s) = \int_0^\infty x^{s-1} e^{-nx} dx$$

[※21] 現在ではこれがガンマ関数の標準的な定義である．

[※22] とはいえ，実際には大学の微積分の通年の授業の後半で履修する理論の重要な例題である．

が得られ，n に関してこれらの和をとることにより

$$\zeta(s)\Gamma(s) = \sum_{n=1}^{\infty} n^{-s}\Gamma(s) = \int_0^{\infty} \frac{x^{s-1}}{e^x - 1}dx \ \ (s > 1)$$

が得られます．これをふまえて，リーマンは 1859 年，$\zeta(s)$ がみたす有名な関数等式

$$\zeta(s) = \pi^{s-1/2}\frac{\Gamma((1-s)/2)}{\Gamma(s/2)}\zeta(1-s) \tag{10}$$

を導きました[※23]．

　とはいえ，今の段階では (10) においては左辺の $\zeta(s)$ と右辺の $\zeta(1-s)$ が同時に定義できる s が皆無なので，等式 (10) について語るためにはまず $\zeta(s)$ の定義域をどう拡げるかを述べなければいけません．そこで次回はそこを中心に話を進めたいと思います．

補足 1 　$\displaystyle\int_0^{\infty} e^{-x}x^{s-1}dx = \lim_{n\to\infty}\frac{n^s n!}{\prod_{k=0}^{n}(s+k)}$ の証明

$$\int_0^n\left(1-\frac{t}{n}\right)^n t^{s-1}dt$$

$$= \int_0^1 (1-x)^n n^{s-1}x^{s-1}ndx \ \ (t = nx)$$

$$= n^s\int_0^1 (1-x)^n x^{s-1}dx = n^s\frac{\Gamma(n+1)\Gamma(s)}{\Gamma(s+n+1)} \ \ ((9)による.)$$

$$= n^s n!\frac{\Gamma(s)}{(s+n)(s+n-1)\cdots(s+1)s\Gamma(s)}$$

$$= n^s n!\prod_{k=0}^{n}\frac{1}{s+k}.$$

一方，

[※23] 今の目で見れば，(10) はオイラーが 1749 年の論文 "Remarques sur un beau rapport entere les series des puissances tant directes que réciproques" に書いた豪快な式（第 3 話の (4)）と等価である．

$$\int_0^n \left(1-\frac{t}{n}\right)^n t^{s-1}dt = \int_0^n \left(1-\frac{t}{n}\right)^{(-\frac{n}{t})\cdot(-t)} t^{s-1}dt$$

であるが, e の定義よりこれは $n \to \infty$ のとき $\int_0^\infty e^{-t}t^{s-1}dt$. に収束する. よってこのことと上式を合わせれば

$$\int_0^\infty e^{-x}x^{s-1}dx = \lim_{n\to\infty}\frac{n^s n!}{\prod_{k=0}^n (s+k)}$$

が従う.

補足 2

前々回の「フェルマーとオイラーの役回り」の節で, フェルマーが提起した問題に関連したラマヌジャンの逸話を紹介し, その脚注で

2 つの立法数の和として 2 通り (以上)に表せる数は無限個あるか

という問いを発したところ, 11 月 12 日[24] 付けで一松信先生から「(存在は)よく知られている」というコメントと,「$1729 = 1^3 + 12^3 = 9^3 + 10^3$ を用いれば一つの系列が作れる」というヒントを頂きました. 文献等については調査中ですが[25], このヒントに沿った解答は次の通りです.

互いに素な 3 乗数の和として 2 通り以上に表せる整数が無限個存在する理由：

[24] 「現代数学」12 月号の発売日.

[25] 付録を参照.

$$(1+x)^3+(12+y)^3=(9+x)^3+(10+y)^3$$

を満たす無限個の有理数 x, y で $\dfrac{1+x}{12+y}$ も無限通りになるものが
あることを示せば十分.

$1^3+12^3=9^3+10^3$ であるのでこの式は

$$3x+3x^2+3\cdot12^2y+3\cdot12y^2$$
$$=3\cdot9^2x+3\cdot9x^2+3\cdot10^2y+3\cdot10y^2$$

という, 整数を係数とする 2 元 2 次不定方程式になる. これを整
理すると

$$-6x^2+6y^2-240x+132y=0$$

となるので, $(x, y)=(0, 0)$ を通る双曲線上の有理点についての問
題になる. この方程式は前々回の「ディオファントスの方法」の節
で述べた方法で解け, 無限個の有理数解

$$\left(\frac{4(10-11m)}{m^2-1},\ \frac{4m(10-11m)}{m^2-1}\right)$$

$$(m\ は有理数で\ m^2\neq1)$$

が得られる. これより条件をみたす無限個の有理解 (x, y) の存在
は明白.

参考文献

[A] Ahlfors,L.V., *Complex analysis* 3 rd edition, International Series in Pure and Applied Mathematics, MacGraw-Hill, 1979. (アールフォルス　複素解析　笠原乾吉訳　現代数学社　1982)

[D] Davis,P.J., Leonhard Euler's integral : *Ahistorical profile of the Gamma function*, Amer. Math.Monthly, 1959.

[O] 小川束　関孝和によるベルヌーイ数の発見　数理解析研究所講究録　1583　京都大学数理解析研究所　(2008), 1-18.

第 **6** 話

■ リーマンのゼータ関数 ■

　ディオファントスから 1000 年以上かけてフェルマーへとつなが
った道の先で，オイラーは素数の分布と平方剰余の相互法則の問
題を発見しましたが，ここから整数論の本格的な研究が盛んにな
っていきます．オイラーの仕事の中で，$4n+1$ 型の素数が無限個存
在するであろうという予測は，ある無限級数の収束性と関わって
いました．素数分布と相互法則の関連性はオイラーの研究を受け
継いだルジャンドルらによって明確に意識されていましたが，当
時の解析学のレベルではこれを完全に論じることはできず，相互
法則はガウスによってはじめて厳密な証明が与えられ，素数分布
についてはガウスの後継者たちであるディリクレとリーマンに到
って初めて実質的な進歩が見られました．今回はガンマ関数を用
いたゼータ関数の対称性に関するリーマンの仕事にふれてみまし
ょう．

　まず手短に復習しておきます．オイラーが階乗関数を補間して
導入したガンマ関数 $\Gamma(x)$ は，三角関数 $\sin x$ の無限積展開

$$\sin x = x \prod_{n=1}^{\infty} \left(1 - \frac{x^2}{\pi^2 n^2}\right)$$

と類似の展開式

$$\frac{1}{\Gamma(x)} = x e^{\gamma x} \prod_{n=1}^{\infty} \left(1 + \frac{x}{n}\right) e^{-x/n}$$

をみたし，これらの式からルジャンドルの名を冠して呼ばれる有名な関係式

$$\Gamma(x)\Gamma(1-x) = \frac{\pi}{\sin \pi x}$$

がただちに従います．バーゼル問題の解

$$\sum_{n=1}^{\infty} \frac{1}{n^2} = \frac{\pi^2}{6}$$

とゼータ関数の対称性

$$\zeta(s) = \pi^{s-1/2} \frac{\Gamma((1-s)/2)}{\Gamma(s/2)} \zeta(1-s) \tag{1}$$

の間を，いわば三角関数を二つに割った有様を示すルジャンドルの公式がつないでいることには不思議な調和を感じざるを得ません．

　いわば素数の分布そのものとまでも言えそうなのがゼータ関数で，収束する無限級数としては

$$\zeta(s) = \sum_{n=1}^{\infty} \frac{1}{n^s} = \prod_{p: \text{素数}} \frac{1}{1 - p^{-s}} \quad (s > 1)$$

で定義されますが，s を複素数まで広げることにより，$\zeta(s)$ は $s = 1$ を除いた全複素平面へと自然に拡張できます．リーマンはその零点の位置を素数分布に結びつける有名な予想を提出しましたが，ここではそれに先立って得られた関数等式である (1) について，リーマンの論文に沿って述べてみたいと思います．(1) の導出

にはルジャンドルの関係式も使われますが，この式によって等式

$$1+2+3+4+\cdots = -\frac{1}{12}$$

が

$$\zeta(-1) = \pi^{-3/2}\frac{\Gamma(1)}{\Gamma(-1/2)}\zeta(2) = -\frac{1}{12} \tag{2}$$

と書けることになります．

　ここで重要なことは，(2) の左辺がリーマン論文においては定義域が $\mathbb{C}\backslash\{1\}$ まで拡張された関数 $\zeta(s)$ の -1 における値として確定した意味を持っていることです．この拡張の仕方やそれを用いた (1) の証明を眺めてみましょう．

■ リーマン論文を読む（その1）■

　リーマンの論文「与えられた限界以下の素数の個数について」（ベルリン学士院月報, 1859 年 11 月）は，その年の 5 月に亡くなったディリクレへの追悼論文に相当するもので，書かれた経緯は杉浦光夫先生の解説[1] によれば以下の通りです．

　　リーマンはディリクレの後任としてゲッティンゲン大学の正教
　　授に任命され，ベルリンのプロイセンの学士院の通信会員に指
　　名されたのであった．そして 9 月にリーマンは，デデキントと
　　ともにベルリンを訪問し，クムマー[2]，クロネッカー，ヴァイ

---

[1] [R-2,p.172]

[2] E.E.Kummer(1810-1893)代数的整数論の草分けの一人．素因数分解を深く研究し，「理想数」を導入した．これは後のイデアルの概念の基になった．本書では後でクムマーをクンマーと記す．

エルシュトラス※3 などと懇談した．その際，リーマンの素数
分布とゼータ関数の複素零点との関連についての研究にクロネ
ッカーが興味を示したので，すぐリーマンはこの研究の大略を
書いて，ベルリンの学士院の月報に発表することにした．それ
がこの論文である．

杉浦先生の訳を参考にしながら冒頭の序文を読んだのが次です．

学士院がこのたび私を光栄にも通信会員として受け入れて下さ
ったことへの謝意を最大限に表すため，許された権利をできる
だけ早く行使して，素数の出現率に関する一つの研究を報告
したいと考えました．このテーマはガウス先生とディリクレ先
生※4 が長年にわたって関心を傾けてこられたものなので，おそ
らくこのような報告はまったく無価値なものではなかろうと思
われます※5．

ではこの続きを，所々意訳したり補足したりしながら読んでい
きましょう．数式はほとんど原文通りですが，$\Pi(s-1)$ と記され
ているところは以下ではすべて $\Gamma(s)$ と書くことにします．

この研究の出発点として採用したのはオイラー（先生）の発見し

※3 = ワイアシュトラス（=K.Weierstrass）

※4 原文では Gauss と Dirichlet が字幅を広げて印刷されている．

※5 「まったく無価値なものではなかろう」は非常にへりくだった表現だが，当時は
決まり文句として良く用いられた．

た等式

$$\prod \frac{1}{1 - \frac{1}{p^s}} = \sum \frac{1}{n^s}$$

で，これはすべての自然数 n にわたる右辺の和がすべての素数 p にわたる左辺の積で置き換わるということですが，ここでは両辺が収束する範囲でこれらの式で表示されるような複素変数 s の関数というものを考え，それを $\zeta(s)$ と書くことにします．上式の両辺は s の実部が 1 より大きくないと収束しないのですが，この関数の表示式としてどこでも通用するものを，以下のようにして容易に見出すことができます．

まず，等式

$$\int_0^\infty e^{-nx} x^{s-1} dx = \frac{\Gamma(s)}{n^s}$$

を用いると

$$\Gamma(s)\zeta(s) = \int_0^\infty \frac{x^{s-1} dx}{e^x - 1}$$

が得られます．そこで複素平面上の積分路に沿う線積分[※6]

$$\int \frac{(-x)^{s-1} dx}{e^x - 1}$$

について調べてみます．まず積分路として $+\infty$ から出発して $+\infty$ に帰る正の向きの[※7]道を，それが囲む領域[※8]が被積分関数 $\frac{(-x)^{s-1}}{e^x - 1}$ の不連続点を 0 以外には含まないようにとったものを $\mathcal{C}$

[※6] ［A］または補足 1 を参照．

[※7] 原点のまわりを反時計回りに進む向き．

[※8] 平面上の曲線に沿って進むときに右側と左側が曲線を境に完全に分かれるとき，左側を曲線が囲む領域と言う．このときの進行方向が正の向きとなる．

とすれば※9，線積分※10

$$\int_C \frac{(-x)^{s-1}dx}{e^x-1}$$

が

$$(e^{-\pi si}-e^{\pi si})\int_0^\infty \frac{x^{s-1}dx}{e^x-1}$$

に等しいことが容易にわかります※11．ただしこの計算においては，多価関数 $\log(-x)$ の x が負のときの値が実数になるように決めてから $(-x)^{s-1}=e^{(s-1)\log(-x)}$ を用いて積分するものとします※12．したがって

$$2\sin\pi s\,\Gamma(s)\zeta(s)=i\int_C \frac{(-x)^{s-1}dx}{e^x-1} \tag{3}$$

という等式が得られます※13．

　この式が成立する以上，関数 $\zeta(s)$ の値は任意の複素数 s に対

※9　ここでは被積分関数 $\frac{(-x)^{s-1}}{e^x-1}$ を多価関数と見ており，その不連続点とは分母が 0 になるような点，すなわち $x=2\pi mi\ (m\in\mathbb{Z})$ のことである．よって C としては例えば半直線 $[0,+\infty)$ を囲む無限に長い鍵型の曲線を，0 の近くでは円弧 $\{re^{i\theta};\varepsilon<\theta<2\pi-\varepsilon\}$（$0<r<2\pi$ かつ $0<\varepsilon<r$）に一致し，点 $re^{\pm\varepsilon i}$ から先は実軸に平行な半直線になるように取ればよい．

※10　線積分の定義は補足 1 を参照．

※11　補足 2 を参照．

※12　こうすると $(-x)^{s-1}$ は $\mathbb{C}\backslash[0,+\infty)$ 上で C^0 級の一価関数になる．

※13　この式の右辺の $\int_C$ をリーマンは $\int_\infty^\infty$ と書き，「意味は上に説明した通り」としている．

して確定し[14]，さらに $\zeta(s)$ が一価であることや，有限な s に対しては $s=1$ を除き有限値となり，s が負の偶数のとき 0 になることがわかります．

　(3) の左辺の各因子は無限積表示をもつとともに，マクローリン級数，積分表示，ディリクレ級数といった加法的な表現をもつ関数で，ここまでの計算はこれらの積の加法的な構造を明らかにしています．この結果の意味する所をリーマンはさらに追求していきます．

■ リーマン論文を読む（その2）■

　等式 (3) によって $\zeta(s)$ の定義域を一挙に拡げることができ，$\zeta(1)=\infty$ であることや，$\zeta:\mathbb{C}\backslash\{1\}\to\mathbb{C}$ かつ $\zeta(-2m)=0$ $(m\in\mathbb{N})$ であることも分かったのですが，リーマンはさらに (3) の右辺の値を求めます．すると $\zeta(s)$ の隠れた対称性が現れます．

　リーマン論文の続き：s の実部が負のときには

$$\int_c \frac{(-x)^{s-1}dx}{e^x-1}$$

は領域の境界上を正の向きに進む道に沿って積分していると考える代わりに，領域の外部を囲む道を負の向きに進んで積分していると思っても構いません．なぜなら，変数の絶対値が無限大に近

---

[14]　$\zeta(1)=\infty$ は「無限確定」と考える．

い部分の積分は 0 に収束するからです[※15]. この外側の領域におい
ては, x が $\pm 2\pi i$ の整数倍のときのみ被積分関数は不連続になり,
したがって積分の値はこれらの不連続点のまわりを負の向きにま
わる積分の値の和に等しくなります. 不連続点 $n2\pi i$ のまわりの積
分の値は $(-n2\pi i)^{s-1}(-2\pi i)$ ですので, 結局積分の値がこれで求
まり, 等式

$$2\sin\pi s\,\Gamma(s)\zeta(s)=(2\pi)^s\sum n^{s-1}\left[(-i)^{s-1}+i^{s-1}\right]$$

が得られます. この式は $\zeta(s)$ と $\zeta(1-s)$ の関係を与えています.
ガンマ関数の良く知られた性質 (ルジャンドルの関係式) より, こ
の関係は, 置換 $s\to 1-s$ に関して, 関数

$$\Gamma\Big(\frac{s}{2}-1\Big)\pi^{-s/2}\zeta(s)$$

が不変であることを表しているとも理解できます.

ここまででも見事であり, (1) は現在でも

「4 つの分野に広がる 5 つの基本定理」の一つ

と位置づけられることがありますが (cf. [BHS]), リーマンの論文
はここからが本番で, この後で

$$\Gamma\Big(\frac{s}{2}-1\Big)\pi^{-s/2}\zeta(s)=\int_0^\infty(e^{-\pi 1^2 x}+e^{-\pi 2^2 x}+\cdots)x^{\frac{s}{2}-1}dx\ \ (s>1)$$

を

[※15] 補足 3 を参照.

$$\zeta(s)\Gamma(s) = \sum_{n=1}^{\infty} n^{-s}\Gamma(s)$$
$$= \int_0^{\infty} \frac{x^{s-1}}{e^x - 1}\,dx \quad (s > 1)$$

と同様の式変形で導いた後，ガウスの研究に付随して知られていた「楕円テータ関数」の変換公式を用いて (1) の別証を与えてから $\log\zeta(s)$ の解析を始め，$s = \dfrac{1}{2} + ti$ とおいた時の

$$\xi(t) = \Gamma\left(\frac{s}{2}+1\right)(s-1)\pi^{-\frac{s}{2}}\zeta(s) \quad \left(= \frac{1}{2}s(s-1)\pi^{-\frac{s}{2}}\Gamma\left(\frac{s}{2}\right)\zeta(s)\right)$$

について

　　「$\xi(t) = 0$ のすべての解が実数であることはほぼ確かであるように思われる[※16]．」

という推測をしています．これが有名なリーマン予想で，$\zeta(s)$ についての命題として

　　「$\zeta(s)$ のすべての非自明な零点の実部は $\dfrac{1}{2}$ である．」

という形で述べられることが多いものです．ただし負の偶数で $\zeta(s)$ の値が 0 になることは上で述べた通りで，これらを $\zeta(s)$ の自明な零点と呼んでいます．リーマン予想が証明できれば素数分布に関してきわめて正確な評価が得られるので，これは数学の重要な未解決問題の一つです．これが解決された暁には「全数学を

[※16] …, und es ist sehr wahrscheinlich, dass alle Wurzeln reell sind.

限なく照らす偉大な対称性原理の発見」とでも称えられるのではないかと密かに想像を逞しくしています※17.

さて，ディリクレ級数 $\sum \dfrac{c_n}{n^s}$ のうちで，c_n が一定の条件をみたすものに限って $\zeta(s)$ を一般化し，そのようなディリクレ級数の性質を詳しく調べることにより，$an+b$（a と b は互いに素）の形の素数の分布について重要な情報が得られます.

オイラーは $4n+1$ 型の素数の逆数の和を S とおき，$4n-1$ 型の素数の逆数の和を T とおけば

$$T = S + \left(\frac{1}{3} - \frac{1}{5} + \frac{1}{7} + \frac{1}{11} - \frac{1}{13} - \frac{1}{17} + \frac{1}{19} + \frac{1}{23} - \frac{1}{29} + \cdots \right)$$
$$\approx S + 0.3349816$$

であることを観察し，$S+T=\infty$ をふまえて $S=\infty$ かつ $T=\infty$ であろうと推論したのでしたが，実際にその証明に成功してオイラーの議論を正当化したのはディリクレでした．ディリクレが示

※17　2022 年 11 月 24 日，科学の最先端のニュースで有名な Nature という雑誌に，カリフォルニア大学教授の張益唐（Zhang Yitang）教授が発表した素数分布に関する最新の結果が報じられた．それは互いに素な自然数 k, ℓ に対する $kn+\ell$ 型の素数 p の分布に関するもので，k に応じたこのような素数の区分けの仕方は k と互いに素で k 未満の自然数の個数 $\varphi(k)$ だけあるが，素数全体はこれらの $\varphi(k)$ 個の「籠」

$$P_\ell := \{p \,;\, p \equiv \ell \pmod{k}\}$$

に等分布する．ここまでは 19 世紀にディリクレが示したこと（算術級数定理）だが，張教授が今回発表したのは集合

$$P_\ell \cap \{q \,;\, q \text{ は素数で } q \leqq nk+\ell\}$$

の要素の個数 $N(n, \ell)$ について，$n \to \infty$ のとき $\dfrac{N(n, \ell)\log n}{n}$ が $\dfrac{k}{\varphi(k)}$ に近づく速度の正確な見積もりについてである．この結果は，リーマン予想とほぼ同等のランク付けをされているランダウ・ジーゲル予想という問題をやや弱い形で解いたことになっていて，論文の正しさはまだ完全に検証されたわけではないが，専門家たちの注目を集めている．

したことは現在**算術級数定理**の名で知られ，次のように一般的な
形で述べられる命題です．

定理 1　k, ℓ を互いに素な正の整数とするとき，$kn+\ell$（n は
正の整数）の形をした素数は無限個存在する．

　ちなみに，ガウスによって相互法則は何通りもの方法で完璧に
証明されましたが，素数分布に関しては既に少年時代に

　　　x 以下の素数の個数を $\pi(x)$ とすれば

$$\lim_{x \to \infty} \frac{\pi(x)}{\frac{x}{\log x}} = 1 \tag{4}$$

を予測していたにも拘らず[※18]，特筆すべき結果を公表しませんで
した．リーマンの 1859 年の論文は，完全な証明には到らなかった
ものの素数分布への大きな突破口を開けました．これはゼータ関
数の解析によったのでしたが，リーマンの研究に大きな影響を与
えたのがディリクレによる定理 1 の証明でした．そのために，ディ
リクレは k と ℓ に応じて決まる一定の規則を満たす数列 c_n に対
する級数

$$\sum_{n=1}^{\infty} \frac{c_n}{n^s}$$

を解析したのです．次章ではそこへと話を進めましょう．

[※18]　これは多分，久留島・オイラーの公式

$$\varphi(N) = N \prod_{p \mid N} \left(1 - \frac{1}{p}\right) (p \mid N : \Longleftrightarrow N/p \in \mathbb{N}) \text{ からの推測であろう．}$$

補足 1

C^0 級の関数 $f:(-a,a) \to \mathbb{C}$ と $b,c \in (-a,a)$ に対する定積分 $\int_b^c f(x)dx$ に倣って複素平面 $\mathbb{C}$ 上の曲線に沿った積分を考えよう．ここで曲線というのは C^1 級の関数 $\gamma:[0,1] \to \mathbb{C}$ のことで，積分される関数は γ の像 $\gamma[(0,1)]$ [※19] を含む集合 $U \subset \mathbb{C}$ 上で定義された関数とする．

この状況で実数区間のときと同様に U 上の C^0 級の関数 $f:U \to \mathbb{C}$ の γ に沿う**線積分**を

$$\int_0^1 f(\gamma(t))\gamma'(t)dt$$

で定義する．記号を簡単にするためこれを

$$\int_\gamma f(z)dz$$

で表し，γ を**積分路**と呼ぶ．$b,c \in (-a,a)$ に対して $\gamma(0)=b$, $\gamma(1)=c$ で $\gamma([0,1])$ が b と c を結ぶ線分になっていれば

$$\int_\gamma f(x)dz = \int_b^c f(x)dx$$

であることが容易に分かる．より一般に，γ の定義域が有界閉区間の和集合であったり，γ が区分的に滑らかな曲線，すなわち上の意味の曲線をいくつか（有限個）つなげてできる C^0 級関数であるときも線積分の定義は同様で，γ が開区間上の C^1 級の関数の場合でも，積分 $\int_0^\infty f(x)dx$ などの場合と同様に，（極限値が存在する場合は）γ に沿う線積分が定義できる．リーマン論文の積分 $\int_C$ は

[※19] これをしばしば γ と区別しない．

この最後の意味である．開円板 $\mathbb{D}(z,r):=z+r\mathbb{D}$ の和集合の形をした集合を開集合という[20]が，U が開集合のとき，U 上の関数 $f(z)$ が各点 $z\in U$ において

$$f'(z):\lim_{h\to 0}\frac{f(z+h)-f(z)}{h}$$

で定義される**導関数** $f'(z)$ を持つとき，$f(z)$ を U 上の**正則関数**と呼ぶ.

　開集合 U が**有界**[21]であり，いくつかの区分的に滑らかな曲線で囲まれてできているとする．これらの曲線を合わせたものが U の**境界**で，これを ∂U と書き U とその境界を合わせたものを $\overline{U}=U\cup\partial U$ とおく．また，∂U に向きをつけ，U の内部を左手に見るようにする．このように向きづけられた ∂U に沿う線積分を $\int_{\partial U}f(z)dz$ で表す.

コーシーの定理[22]　U を上の通りとし，$f(z)$ を $\overline{U}$ を含むある開集合上の正則関数とすれば

$$\int_{\partial U}f(z)dz=0$$

が成り立つ.

---

[20]　リーマンの言う領域は開集合.

[21]　一般に，ある円板 $R\mathbb{D}$ に含まれる集合を $\mathbb{C}$ の**有界集合**という.

[22]　証明は [T] などを参照.

補足 2.

C を脚注 10 の通りとすると，コーシーの定理を用いて等式

$$\int_C \frac{(-x)^{s-1}dx}{e^x-1} = (e^{-\pi si}-e^{\pi si})\int_0^\infty \frac{x^{s-1}dx}{e^x-1}$$

を示すのは難しくない．（リーマンは x を複素変数として流用している．）

補足 3.

C を脚注 10 の通りとし，$C\cap\{x+iy\,;\,x\leqq R\}$ の上の端と下の端を原点を中心とする半径 R の円周上を反時計回りに回って結んで閉曲線を作り，その積分路 C_R に沿う線積分 $\displaystyle\int_{C_R} \frac{(-x)^{s-1}dx}{e^x-1}$ をコーシーの定理を用いて計算し，$R\to\infty$ とすれば求める等式が得られる．

参考文献

[A] Ahlfors, L.V., *Complex analysis* 3 rd edition, International Series in Pure and Applied Mathematics, MacGraw-Hill, 1979. （アールフォルス　複素解析　笠原乾吉 訳　現代数学社　1982）

[BHS] Butzer, P.L., Higgins, J. R. and Stens, R.L., *Sampling theory and signal analysis*, Development of Mathematics 1950 - 2000　Pier, J.-P. ed., Birkhäuser Verlag, Basel-Berlin-Boston 2000.

[R-1] Riemann, Bernhard *Gesammelte mathematische Werke, wissenschaftlicher Nachlass und Nachträge.* [*Collected mathematical works, scientific Nachlass and addenda*] Based on the edition by Heinrich Weber and Richard Dedekind. Edited and with a preface by Raghavan Narasimhan. Springer-Verlag, Berlin; BSB B. G. Teubner Verlagsgesellschaft, Leipzig, 1990. vi+ 911 pp.

[R-2] リーマン論文集（数学史叢書）足立 恒雄・杉浦 光夫・長岡 亮介（編訳）　朝倉 書店　2004.

[T] 髙木貞治　定本解析概論　岩波書店　2010.

第 **7** 話

■ 持ち駒を増やす ■

　$4n+1$ 型の素数は無限個存在するという命題を，オイラーは無限級数

$$\frac{1}{3} - \frac{1}{5} + \frac{1}{7} + \frac{1}{11} - \frac{1}{13} - \frac{1}{17} + \frac{1}{19} + \frac{1}{23} - \frac{1}{29} + \cdots \qquad (1)$$

の収束性に帰着させましたが，ディリクレはより一般的な命題である

　　$kn+\ell$ 型の素数の分布は ℓ の取り方によらない（ただし k と ℓ は互いに素）

という等分布則（**算術級数定理**）を証明しました[※1]．それに先立って，ルジャンドルはこれを使えば相互法則が証明できることに気づいていたものの，相互法則の証明にはなかなか到達できず，素数分布については手詰まりのままでした[※2]．

[※1] この命題の定式化自体はオイラーによるものであることをクロネッカーが指摘している（cf. [T]）.

[※2] [T] によれば，ルジャンドルの『数論』第 3 版（1830）は相互法則の正しい証明に達している.

(1) の収束性をどうやって示すかという形で算術級数定理の証明の要点を述べるとすれば，それはオイラーの

$$1+\frac{1}{2}+\frac{1}{3}+\frac{1}{4}+\cdots=\prod_{p:\text{素数}}\frac{1}{1-\frac{1}{p}} \qquad (2)$$

にならって $1-\frac{1}{3}+\frac{1}{5}-\frac{1}{7}+\cdots$ を (2) の右辺と似た格好の無限積

$$\prod_{p:\text{奇素数}}\frac{1}{1\pm\frac{1}{p}} \quad (\text{符号は}(-1)^{(p-1)/2}) \qquad (3)$$

に書き直すというところです．というのも，(1) は (3) の対数の「主要部」になっているからです[※3]．具体的には，(2) の左辺が ∞ に等しいということが素数の無限性を意味したのでしたが，今度は

$$0<1-\frac{1}{3}+\frac{1}{5}-\frac{1}{7}+\cdots=\frac{\pi}{4}<\infty$$

であることに注意して，(3) の対数として現れる無限級数の収束性を利用することになります．この方法は地道な，いわば一局の将棋に例えれば持ち駒を増やすような作業に見えます．ディリクレがこの仕事に欣然として取り組んだことは [D-2] を眺めただけでも明らかですが，高木貞治先生の名著『初等整数論講義』の次の一節からはその気持ちが直接伝わってくるようです．

　　Gauss の整数論の平易化と普及とに努力して倦むことを知らなかったのは Dirichlet である．彼が旅中にもすりきれた Disquisiones[※4] 一部を必ず行李の中に収めて寸時も身を離さなかったことは有名なる逸話である．

[※3] どんな式かは次節で詳しく述べるが，オイラーやルジャンドルがこれに気づかなかったことが信じられないほど簡単なことである．

[※4] Disquisiones arithmeticae（数論考究）

　ディリクレはパリで研鑽を積みながらガウスの「数論考究」を耽読し，1825 年に「ある 5 次の不定方程式[※5]の無解性[※6]」をパリ学士院に提出しました．これがルジャンドルの注意を惹いたのが学会へのデビューとなりました[※7]．当時パリに滞在中だったドイツ科学界の重鎮フンボルト[※8]に認められてベルリン大学に移り，そこの隆盛の基礎を作った後，ガウスの他界を期に，後任としてゲッティンゲンに移りました．ゲッティンゲン大学では講義を嫌ったガウスとは正反対に教育面でも活躍し，リーマンやデデキントに大きな影響を与えました．

■ $|S-T-\log L(1, \chi_4)| < \infty$ ■

　素数 p に対して

$$\log\left(1 \pm \frac{1}{p}\right) = \pm\frac{1}{p} - \frac{1}{2p^2} \pm \frac{1}{3p^3} - \cdots \text{（複号同順）}$$

であることから

$$\sum_{p:\text{素数}} \left(\pm\frac{1}{p} - \log\left(1 \pm \frac{1}{p}\right)\right) < \infty \text{（複号同順）}$$

となるので，(3) の対数をとり各項を $\dfrac{1}{p}$ のマクローリン級数へと展

[※5] $x^5 + y^5 + z^5 = 0$

[※6] フェルマー予想「$x^n + y^n + z^n = 0$ の整数解は $n \geqq 3$ なら 0 を含む.」の $n = 5$ の場合について調べた．フェルマーは $n = 3$ のときに，オイラーは $n = 4$ のときに解いていた．

[※7] ルジャンドルはディリクレの論文をふまえて $n = 5$ の場合の証明を完成させた．

[※8] Alexander von Humboldt 1769-1859

開したものから初項だけ取り出して合計したものが (1) です．し

たがって $1-\dfrac{1}{3}+\dfrac{1}{5}-\dfrac{1}{7}+\cdots=\dfrac{\pi}{4}$ であることから，$4n+1$ 型の素

数が無限個存在する理由は

$$\dfrac{1}{3}-\dfrac{1}{5}+\dfrac{1}{7}+\dfrac{1}{11}-\dfrac{1}{13}-\dfrac{1}{17}+\dfrac{1}{19}$$

$$+\dfrac{1}{23}-\dfrac{1}{29}+\cdots=\log\dfrac{\pi}{4}+\text{有限確定値}$$

が成り立つからということになります．

　左辺をオイラーのように短く $S-T$ と書けば[※9]，上の等式の内容
を

$$|S-T-\log L(1,\chi_4)|<\infty$$

と書くこともできます．ただし $L(1,\chi_4)$ は

$$L(s,\chi):=\sum_{n=1}^{\infty}\dfrac{\chi(n)}{n^s}$$

において χ として

$$\chi_4(n):=\dfrac{1-(-1)^n}{2}(-1)^{\frac{n-1}{2}}$$

をとったものの $s=1$ における値です[※10]．つまり $S-T$ という量
を，この級数の項の符号の規則性を反映させて作った関数であ
る $L(s,\chi_4)$ の $s=1$ における値の対数と比較して有限性が導ける
という仕組みです．この場合特に $\chi_4(nn')=\chi_4(n)\chi_4(n')$ です
が，一般に乗法性 $\chi(nn')=\chi(n)\chi(n')$ をみたすような χ に対する

[※9] $S=\dfrac{1}{3}+\dfrac{1}{7}+\dfrac{1}{11}+\cdots,\ T=\dfrac{1}{5}+\dfrac{1}{13}+\dfrac{1}{17}+\cdots.$

$S-T$ は (1) の便宜的な表記．

[※10] n が偶数なら $\chi_4(n)=0$, 4 で割って 1 余れば $\chi_4(n)=1$, 4 で割って 3 余れば
$\chi_4(n)=-1$.

$L(s, \chi)$ がいわばディリクレの持ち駒です．より正確な定義を後で述べますが，これは現在ディリクレの L 関数の名で呼ばれています．ゼータ関数はこの特別な場合です．

ディリクレの講義の付録

ディリクレは算術級数定理の証明を [D-1] で発表しましたが，その後ゲッティンゲン大学で行った講義をデデキントが編集して [D-2] として出版したときの付録にも書かれています．「ある種の無限積と無限和の関係」と題されたその冒頭部を読んでみましょう．

　算術級数定理の一般的な証明は，次の形の無限級数についての考察をふまえたものである．
$$L = \sum \psi(n)$$
ただし和はすべての自然数 n にわたり，$\psi(n)$ は実数または複素数で
$$\psi(n)\psi(n') = \psi(nn')$$
をみたすものとする．

　$n = n' = 1$ とおけば $\psi(1) = 1$ または 0 であることがわかる．しかし後者の場合には $\psi(n) = \psi(1)\psi(n)$ よりすべての n に対して $\psi(n) = 0$ となるので，以下では $\psi(1) = 1$ であると仮定しよう．さらに
$$\sum |\psi(n)| < \infty$$
であることを仮定する．この仮定から総和 L が項の順序によ

らずに決まることが従うので，等式

$$（ \text{I} ） \qquad \prod \frac{1}{1-\psi(p)} = \sum \psi(n)$$

が，p がすべての素数を動くとき左辺の積の順序によらずに成立することが，以下のようにして容易に証明できる．

【証明】

　L は $\psi(1)=1, \psi(p)=z, \psi(p^2)=z^2, \cdots$ の諸項を含むので，$\psi(p)$ の絶対値は 1 未満であり，従って

$$\frac{1}{1-\psi(p)} = 1+\psi(p)+\psi(p^2)+\cdots$$

である．

　すると，素数全体を（何らかの順序で）並べたものを $p_1, p_2, p_3, \cdots$ としたとき，（I）の左辺の最初の m 項である

$$\frac{1}{1-\chi(p_1)}, \ \frac{1}{1-\chi(p_2)}, \cdots, \frac{1}{1-\chi(p_m)}$$

の積を Q とすれば，これらの項を（上のように）無限級数に展開して掛け合わせることにより生ずる和 $\sum \psi(\ell)$ は，ℓ が $p_1, p_2, \cdots, p_m$ 以外の素因子を持たない自然数を動くときの総和である．

　さて，h を任意の自然数とするとき，それに応じて十分大きな m をとれば，$p_1, p_2, \cdots, p_m$ が h 未満の素数をすべて含むようにできる．この理由により，$\sum \psi(\ell)$ は $\sum \psi(n)$ における $n<h$ なるすべての $\psi(n)$ を含むので，積 Q と和 $\sum \psi(n)$ の差は $\sum \psi(n')$ の形であり，n' の動く範囲は $n' \geqq h$ の一部となる．$\psi(n)$ の絶対値の総和は有限であったから，h および m を

十分大きくとることにより，$|\psi(n')|$ の総和をあらかじめ与えられたどんな正の数よりも小さくすることができ，従って食い違い $Q-\sum\psi(n)$ も同様に小さくできる．これで Q が $m\to\infty$ のとき極限値 $\sum\psi(n)$ に収束することが証明できた．

［D-2 §132］より．

すっきりした基礎理論の書き方のお手本のような記述ですが，念には念を入れて，屋上屋を重ねるような説明を加えておきます．上では (I) の左辺の積の意味を，素数全体を一列に並べて $\dfrac{1}{1-\psi(p)}$ を順番に掛け合わせたものとしていますが，この形の無限積に関しては，積は項の順序によりません．つまり素数全体を $P_1, P_2, \cdots, P_m$ といくつかの部分に分け，あらかじめ P_k に属する素数全体にわたる積を作っておいてからそれらを全部掛け合わせても答は同じになります．※11

$L(s,\chi)$ は上の L の特殊な場合で，

$$\psi(n)=\frac{\chi(n)}{n^s}\quad(s>1)$$

とおいて得られます．ここで $\chi(n)$ のみたすべき条件は乗法性と $\chi(1)=1$ および

$$\sum\left|\frac{\chi(n)}{n^s}\right|<\infty\quad(s>1)$$

となります．

※11 $\log\dfrac{1}{1-\psi(p)}=\sum\limits_{n=1}^{\infty}n\psi(p)^n$ を用いて無限和の順序交換による不変性に帰着させる．

$\chi = \chi_4$ の場合，上で注意したように（I）からは

$$\prod_{p \equiv 1 \,(\mathrm{mod}\,4)} \frac{1}{1-p^{-s}} \prod_{p \equiv 3 \,(\mathrm{mod}\,4)} \frac{1}{1+p^{-s}} = \sum \frac{\chi_4(n)}{n^s} \tag{4}$$

という式が導けます．(4)の左辺は(3)を別の形で書いたものです．
一旦は $s>1$ の範囲で考えていますが，両辺の対数を取り $s \to 1$ と
すると左辺からは「$S-T+$ 有限値」が現れ，右辺からは

$$\log L(1, \chi_4) = \log\left(1 - \frac{1}{3} + \frac{1}{5} - \frac{1}{7} + \cdots\right)$$
$$= \log \frac{\pi}{4} \neq 0$$

が現れます．これと $S+T = \infty$ より $S = \infty$ かつ $T = \infty$ が従い
ます．実質的にはこれで $4n+1$ 型の素数と $4n+3$ 型の素数が
$n \to \infty$ のとき等分布する[12] ことがほぼ示せたことになっていま
す．

　このように，オイラーやルジャンドルが行き詰った場所を打開
するには（I）で十分だったというわけですが，上の議論を拡げ
て算術級数定理の証明を実行するには，より一般の χ に対して
$L(1,\chi)$ が収束することと $L(1,\chi) \neq 0$ であることが必要になりま
す．これらについて少しだけ触れておきましょう．

　まず $L(1,\chi)$ の収束性についてですが，それを見るためには次の
命題が基本的です．

---

[12] この比率が $n \to \infty$ のときどれくらいの速さで1に収束するかについての予想が
ある（Landau-Siegel 予想）.

> **定理 1**　ディリクレ級数 $f(s)=\displaystyle\sum_{n=1}^{\infty}\frac{a_n}{n^s}$ に対し，$A_{\ell,k}=\displaystyle\sum_{n=\ell}^{\ell+k}a_n$
>
> とおくとき，もしある $R\in\mathbb{R}$ に対して
>
> $$\text{任意の } \ell,k\in\mathbb{N} \text{ に対して} |A_{\ell,k}|<R$$
>
> が成り立てば，$s>0$ のとき $f(s)$ は収束する．

【証明】

$$\left|\sum_{n=\ell}^{\ell+k}\frac{a_n}{n^s}\right|=\left|\sum_{n=\ell}^{\ell+k}\frac{A_{\ell,n-\ell}-A_{\ell,n-1-\ell}}{n^s}\right|$$

$$<R\left(\left|\frac{1}{\ell^s}-\frac{1}{(\ell+1)^s}\right|+\cdots+\left|\frac{1}{(\ell+k-1)^s}-\frac{1}{(\ell+k)^s}\right|\right.$$

$$\left.+\left|\frac{1}{(\ell+k)^s}\right|\right).$$

s が正の実数なら

$$\left|\frac{1}{\ell^s}-\frac{1}{(\ell+1)^s}\right|+\cdots+\left|\frac{1}{(\ell+k-1)^s}-\frac{1}{(\ell+k)^s}\right|+\frac{1}{(\ell+k)^s}$$

$$=\frac{1}{\ell^s}$$

であるので $\ell\to\infty$ のとき

$$\left|\sum_{n=\ell}^{\ell+k}\frac{a_n}{n^s}\right|\to 0.$$

従って $s>0$ なら $f(s)$ は収束する[※13].

系　$\psi(s)=1-\dfrac{1}{2^s}+\dfrac{1}{3^s}-\cdots$ $(a_n=(-1)^{n-1}$ に対する $f(s))$ は

[※13] ここではコーシーの判定法を使っている．詳しくは補足を参照．

$s > 1$ のとき収束する[※14].

定理 1 の $f(s)$ がさらに $\mathrm{Re}\, s > 0$ の範囲に正則関数として拡張できることを用いて[※15]，算術級数定理の条件下で

$$\sum_{p \equiv \ell \,(\mathrm{mod}\, k)} \frac{1}{p} = \infty$$

が示せ，その結果として証明が完成できます[※16]．L 関数を導入したことの意味は $\chi = \chi_4$ のときの計算で明らかであると思われますが，実は $L(1, \chi)$ に含まれる整数論的な情報というものがあり，それが相互法則と類体論につながっています．そこで次節では話をそこへ進める準備をしたいと思います．

▰▰ 指標とディリクレの L 関数 ▰▰▰▰

再び話を

$$T = S + \left(\frac{1}{3} - \frac{1}{5} + \frac{1}{7} + \frac{1}{11} - \frac{1}{13} - \frac{1}{17} + \frac{1}{19} + \frac{1}{23} - \frac{1}{29} + \cdots \right)$$

に戻しましょう．ルジャンドルの記号を使うと

$$S - T = \sum_{p \text{は奇素数}} \left(\frac{-1}{p} \right) \frac{1}{p}$$

[※14]　$\psi(s) = (1 - 2^{1-s}) \zeta(s)$ なので，この式を用いて $\zeta(s)$ を $s > 0$ まで拡張することができる．これを使うとオイラー・リーマンの関数等式（第6話の (1)）をコーシーの定理（第6話の補足 1）を使わずに示せる (cf. [Z]).

[※15]　複素数 s を $u + iv$（u, v は実数）と書いた時，u を s の実部，v を虚部と言い，それぞれ $\mathrm{Re}\, s$, $\mathrm{Im}\, s$ で表す．

[※16]　次節で補足するが，詳細は [D-1,2]，[Sa]，[S] または [Tg-2] に譲る．

と書けますが，この右辺を $\chi_4(p) = \left(\dfrac{-1}{p} \right)$ を経由して $\log \displaystyle\sum_{n=1}^{\infty} \dfrac{\chi_4(n)}{n^s}$ に結びつけたのがディリクレの慧眼でした．

算術級数定理の証明に使われる L 関数は，χ_4 を少し一般化した形の **指標**（正式にはディリクレ指標）と呼ばれる χ で定まる $L(s, \chi)$ です．まず指標の定義を述べましょう．

定義 1 $k \in \mathbb{N}$ に対し，乗法的な関数 $\chi : \mathbb{Z} \to \mathbb{C}$ $(\chi(1) = 1)$ が，n と k が共通因子をもつときは $\chi(n) = 0$ であり，$n_1 \equiv n_2 \pmod{k}$ なら $\chi(n_1) = \chi(n_2)$ という条件をみたすとき，χ を **k を法とする指標** と呼ぶ．

$\chi(n) \neq 0$ なら $\chi(n) = 1$ であるような指標を **単位指標** と呼び χ_0 で表します．$\displaystyle\sum_{\chi}$ によって k を法とする指標全体にわたる和を表すと

$$\sum_{n=0}^{k-1} \chi(n) = \begin{cases} \varphi(k) & (\chi = \chi_0 \text{ のとき}) \\ 0 & (\chi \neq \chi_0 \text{ のとき}) \end{cases}$$

$$\sum_{\chi} \chi(n) = \begin{cases} \varphi(k) & (n \equiv 1 \pmod{k} \text{ のとき}) \\ 0 & (n \not\equiv 1 \pmod{k} \text{ のとき}) \end{cases}$$

という関係が成り立ちます．ただし φ は久留島・オイラーの関数です．また χ, χ' を k を法とする指標，m を k と互いに素な整数とするとき，

$$\sum_{n=0}^{k-1} \chi(n) \overline{\chi'(n)} = \begin{cases} \varphi(k) & (\chi = \chi' \text{ のとき}) \\ 0 & (\chi \neq \chi' \text{ のとき}) \end{cases}$$

$$\sum_{\chi} \chi(n) \overline{\chi(m)} = \begin{cases} \varphi(k) & (n \equiv m \pmod{k} \text{ のとき}) \\ 0 & (n \not\equiv m \pmod{k} \text{ のとき}) \end{cases}$$

が成り立ちます．この関係式を**指標の直交関係**と言います．

関数 χ が上の意味の指標であるとき

$$L(s, \chi) = \sum_{n-1}^{\infty} \frac{\chi(n)}{n^s} \quad (\mathrm{Re}\, s > 0)$$

を**ディリクレの L 関数**と言います．これに対しては (4) の一般化にあたる

$$L(s, \chi) = \prod_p \frac{1}{1 - \chi(p)p^{-s}}$$

が成立します．

上で述べた $\chi = \chi_4$ の場合の議論を一般化して $kn + \ell$ 型の素数に関する算術級数定理の証明を完成するためには，k を法とするすべてのディリクレ指標にわたって $L(s, \chi)$ を集めることが必要です．より具体的には，素数全体にわたる無限和と指標全体にわたる有限和の順序交換という手続きを $\log L(s, \chi)$ に施すなどして，積 $\prod_\chi L(s, \chi)$ の挙動を指標の直交関係を用いて $s = 1$ の近くで精密に解析することにより $L(1, \chi) \neq 0$（ただし $\chi \neq \chi_0$）でなければならないことが言え，そこから定理が得られます[17]．

ところで，ディリクレが L 関数を持ち込んだ目的は，算術級数定理の証明のためだけではありませんでした．ディリクレは L 関数の特殊値から整数論的な情報を取り出そうともしていたのです．実はすでに等式

$$1 - \frac{1}{3} + \frac{1}{5} - \frac{1}{7} + \frac{1}{9} - \frac{1}{11} + \cdots = \frac{\pi}{4}$$

の中にすでに整数論的に意味のある数が現れています．すなわ

---

[17] [S] や [Z] などを参照．

ち，右辺の分母が 4 であることは，ガウス整数の中の単数が全部で $1, -1, i, -i$ の 4 個であることに対応しているのです．これをガウスが知っていたことを窺わせる記述が遺稿の中にあります[18]．次回はその深遠な事情を垣間見るため，ガウスの「数論考究」で論じられた 2 次体の理論の一端にふれてみましょう．

補足　コーシー[19] の収束判定法

複素数の数列 a_n が与えられたとき

$$\lim_{n\to\infty}\left|a_n-a\right|=0$$

をみたす複素数 a が存在するかどうかがしばしば重要な問題になります．このような a が存在するとき a は a_n の極限値または単に極限であると言い，a_n は a を極限とする**収束列**であると言います．極限を持つ数列が収束列です．

定理 2　a_n が収束列であるための必要十分条件は

$$\lim_{m,n\to\infty}\left|a_m-a_n\right|=0 \tag{5}$$

であること，すなわち m と n を十分大きくとることにより，$|a_m-a_n|$ をあらかじめ与えられたどんな正の数よりも小さくすることができることである[20]．

【**証明**】収束列が (5) をみたすことは明白なので逆を示す．(5) が

---

[18] 第 9 話の「L 関数と類数」を参照

[19] A.L.Cauchy 1789–1857. フランスの大数学者．

[20] コーシーはこれを 1823 年に行った講義で述べた．関連する命題等に関しては [Tg-1, 第一章] 等を参照．

成り立てば $\operatorname{Re} a_n$ と $\operatorname{Im} a_n$ についても同様だから，最初から a_n は実数であると仮定して証明すれば十分である．

このとき $\lim_{m,n\to\infty}|a_m-a_n|=0$ より数列 a_n は有界，すなわちある $R\in\mathbb{R}$ に対して $|a_n|<R$ となるが，実数の定義より，各 $n\in\mathbb{N}$ に対して集合 $A_n:=\{x\,;\,$すべての $k\geqq n$ に対し $x\leqq a_k\}$ は最大元 $\max A_n$ を持ち，$B_n:=\{x\,;\,$すべての $k\geqq n$ に対し $x\geqq a_k\}$ は最小元 $\min B_n$ を持つ．$\max A_n$ は有界な単調減少列だから極限を持ち $\min B_n$ は有界な単調増加列だから極限を持つ．(5) よりこれら二つの極限は一致し，a_n の極限でなければならない．

参考文献

[D-1] Dirichlet, P.G.L., *Beweis des Satzes, dass jede unbegrenzte arithmetische Progression, deren erstes Glied und Differenz ganze Zahlen ohne gemeischaftlichen Faktor sind, unendlich viele Primzahlen enthält*, Abh. Akad. Berlin (1837). https://arxiv. org/abs/0808. 1408 (英訳)

[D-2] ―――, ディリクレ デデキント 整数論講義 (現代数学の系譜 5) 1970 P.G.L.DIRICHLET (著), J.W.R.DEDEKIND (著), 吉田 洋一 (監修, 監修), 正田 建次郎 (監修, 監修), 酒井 孝一 (翻訳)

[Sa] 酒井孝一 整数論講義 (数学選書) 宝文館出版 1976.

[S] Serre, J.-P., *Cours d'arithmétique*, Deuxième édition revue et corrigée. Le Mathématicien, No.2. Presses Universitaires de France, Paris, 1977. (J.-P. セール著 弥永健一訳 数論講義 岩波書店 1979.)

[Tg-1] 高木貞治 定本解析概論 岩波書店 2010.

[Tg-2] ―――, 初等整数論講義 第 2 版 共立出版 1971.

[Tg-3] ―――, 近世数学史談 岩波文庫 1995.

[T] 高瀬正仁 ルジャンドルによる平方剰余相互法則の証明とその変遷 (数学史の研究) 数理解析研究所講究録 (2003), 1317: 10-20.

[Z] Zagier, D.B., *Zetafunktionen und quadratische Körper Eine Einführung in die höhere Zahlentheorie* Springer Verlag 1981. (D.B. ザギヤー著 片山孝次訳 数論入門―ゼータ関数と 2 次体 岩波書店 1990.)

第 **8** 話

━ 新理論の端緒 ━

　ガウスは平方剰余の相互法則に何通りもの証明[※1]を与えた後,「整数 n と素数 p に対して合同式 $x^4 \equiv n \pmod{p}$ が解を持つのはいかなる場合か.」という問題を研究し,こんにち4乗剰余の相互法則と呼ばれる公式[※2]を得ました.4乗剰余についてガウスは1828年と1832年の二度にわたって論文を発表し,後者においてガウス整数における素因数分解定理（第3話の定理3）を証明し,相互法則を定式化しました.このように,整数の概念を複素数まで拡げることにより,不定方程式の可解性における一つの対称性の原理について理解が深まってきたわけですが,その一方で,フェルマー予想[※3]

$$n \geqq 3 \text{ ならば } x^n + y^n = z^n \text{ の自然数解は存在しない.}$$

[※1] そのうち最も初等的と言われる証明を補足で紹介する.

[※2] 公式の具体的な形は [A–M] などを参照. 一般に, 素数 p, q に対して $x^m \equiv p \pmod{q}$ が解を持つことと $x^m \equiv q \pmod{p}$ が解を持つことの相互関連性を記述した命題を **m 乗剰余の相互法則**と呼ぶ.

[※3] またはフェルマーの最終定理. 現在はワイルズ・テイラーの定理

に代表される「無解性の問題」へも多くの数学者たちの関心が向けられ，進展が積み重ねられて行きました．複素数もオイラーによって $y^3 = x^2 + 2$ の整数解が $y = 3, x = 5$ のみであることを示すために用いられていました[※4]．フェルマー予想は $n = 3$ のときはフェルマーが解き，$n = 4$ の時はオイラー，$n = 5$ の時はディリクレとルジャンドル，$n = 7$ のときは 1839 年にラメ[※5] が解きました．事態を大きく動かしたのは，フェルマー予想をめぐる複素数を使った微妙な割り算の問題です．

　n が奇数のとき，ζ を 1 の原始 n 乗根[※6] とすると，もし方程式 $x^n + y^n = z^n$ が自然数解を持ったとすれば左辺が一次式の積に分解されて

$$(x+y)(x+y\zeta)(x+y\zeta^2)\cdots(x+y\zeta^{n-1}) = z^n$$

となります．これは整数の集合 $\mathbb{Z}$ を拡張した

$$\mathbb{Z}[\zeta] := \{a_0 + a_1\zeta + a_2\zeta^2 + \cdots + a_{n-1}\zeta^{n-1} ; a_i \in \mathbb{Z}\}$$

の中で因数分解を考えたことになります[※7]．この式がある以上，$\mathbb{Z}[\zeta]$ 内の素因数分解を利用したくなるのは自然な欲求で，1847年，ラメはこの方針でフェルマー予想を証明したと宣言しました（cf. [A]）．しかし証明は不完全で，その主な原因はラメが $\mathbb{Z}[\zeta]$ で素因数分解の一意性が成り立つと勘違いしていたことでした．しかしこの思い違いは重要な新理論の端緒につながっていたのです．

[※4]　オイラーは 1770 年に $y^3 = (x + i\sqrt{2})(x - i\sqrt{2})$ を用いてこれを解いた．

[※5]　G. Lamé 1795-1870. フランスの数学者

[※6]　$\zeta^n = 1$ であり $n-1$ 以下の自然数 m に対し $\zeta^m \neq 1$

[※7]　一般の数 $\alpha \in \mathbb{C}$ に対しても $\mathbb{Z}[\alpha]$ で $\mathbb{Z}$ 係数の α の多項式で表せる複素数全体を表す．

代数的整数とその分解

ラメの誤った証明はさておき，$\mathbb{Z}[\sqrt{-5}]$[8] ではもっと簡単に
$$6 = 2 \times 3 = (1+\sqrt{-5})(1-\sqrt{-5})$$
であるという理由により，素因数分解の一意性が成り立ちません．とはいえ $\mathbb{Z}[\sqrt{-1}]\,(=\mathbb{Z}[i])$ 内では素因数分解定理が成り立つわけですから，これが成り立つための判定条件を求める問題が生じます．

具体的には，代数的数すなわち $\mathbb{Z}$ 係数の多項式 ($\neq 0$) の零点となる複素数 α に対し，$\mathbb{Q}$ を係数とする α の有理式として表せる数の集合 $\mathbb{Q}(\alpha)$ を考えます[9]．α が多項式の根であることから，$\mathbb{Q}(\alpha)$ は α の冪の $\mathbb{Q}$ 係数の一次結合
$$a_0 + a_1\alpha + a_2\alpha^2 + \cdots + a_n\alpha^n \quad (a_k \in \mathbb{Q}, n = 0, 1, 2, \cdots)$$
全体の集合 $\mathbb{Q}[\alpha]$ と一致します．

$\mathbb{Q}(\alpha)$ の中では $\mathbb{Q}$ と同様に加減乗除が自由にできますが，整数の集合 $\mathbb{Z}$ に対応するものとしては，$\mathbb{Q}(\alpha)$ の元で多項式
$$X^m + c_1 X^{m-1} + \cdots + c_m \ (c_k \in \mathbb{Z})\,[10]$$
の根になるものを考えます．これらを $\mathbb{Q}(\alpha)$ 整数と呼び，その全体を $\mathcal{O}_{\mathbb{Q}(\alpha)}$ で表します．

例 $\mathcal{O}_{\mathbb{Q}} = \mathbb{Z}, \mathcal{O}_{\mathbb{Q}(\sqrt{-1})} = \mathbb{Z}[\sqrt{-1}], \mathcal{O}_{\mathbb{Q}(\sqrt{2})} = \mathbb{Z}[\sqrt{2}]$．

---

[8] 後で $\mathbb{Z}[\sqrt{d}]$ や $\mathbb{Q}(\sqrt{d})$ という記法を多く用いる都合上，ここでは $\sqrt{5}\,i$ を $\sqrt{-5}$ と書いている．

[9] $\mathbb{Q}(\alpha)$ を**代数体**と呼ぶ．

[10] このように最高次の係数が 1 であるような多項式を**モニックな多項式**と呼ぶ．

$\sigma, \tau \in \mathcal{O}_{\mathbb{Q}(\alpha)}$ ならば $\sigma + \tau, \sigma \tau \in \mathcal{O}_{\mathbb{Q}(\alpha)}$ です．例えば σ が m 次のモニックな多項式の根であり τ が n 次のモニックな多項式の根の場合ですと，$\xi := \sigma + \tau$ に対しては $\xi \sigma^\mu \tau^\nu (0 \leq \mu \leq m-1,$ $0 \leq \nu \leq n-1)$ は $\sigma^\mu \tau^\nu (0 \leq \mu \leq m-1, 0 \leq \nu \leq n-1)$ の $\mathbb{Z}$ 係数の一次結合として書けるので，そこから ξ を根に持つモニックな多項式が行列式の形で出てきます※11．$\sigma \tau$ の場合も同様です．つまり，数の集合 $\mathcal{O}_{\mathbb{Q}(\alpha)}$ は和と積の演算に関して「閉じて」います．より一般に，和と積の演算が定義された集合 A があり，演算について通常の結合律，分配律，交換律が成り立ち，かつ積に関しては単位元 1※12 を持ち $ab = 0 \Rightarrow a = 0$ または $b = 0$ が成り立つ時，A を**整域**と呼びます．多項式環

$$\mathbb{C}[X] := \left\{ \sum_{k=1}^{n} a_k X^k ; a_k \in \mathbb{C}, n = 0, 1, 2, \cdots \right\}$$

なども整域です．

特に整域 $\mathcal{O}_{\mathbb{Q}(\alpha)}$ を $\mathbb{Q}(\alpha)$ **整数環**と呼びます．$\mathcal{O}_{\mathbb{Q}(\sqrt{-1})}$ はガウス整数環 $\mathbb{Z}[\sqrt{-1}]$ と一致します．どれかの $\mathcal{O}_{\mathbb{Q}(\alpha)}$ に属する数を**代数的整数**と言います．代数的整数全体の集合も整域です．これを**代数的整数環**と言います．$\mathcal{O}_{\mathbb{Q}(\alpha)}$ の中での素因数分解の法則は α の取り方によって様々で，α における素因数分解の法則は，α が 1 のべき根であったり※13 2 次方程式の解である場合に限っても，非常に深い内容を含んでいます．『数論考究』は特に後者の場合に沈潜しており，ガウスがフェルマー予想に集中した痕跡はありません．

※11 詳しくは補足 1 および [T]（第 1 章 1.1）などを参照．

※12 $\Longleftrightarrow$ すべての $a \in A$ に対し $1 \times a = a \times 1 = a$

※13 このとき $\mathbb{Q}(\alpha)$ は**円分体**と呼ばれる．

周囲には重要な問題でないとさえ言っていたようです. しかし実際にはラメの間違いを乗り越えてこの方向にも素因数分解の研究は進展し, その結果は (おそらくガウスの予測をはるかに超えて) 相互法則の展開に大きな影響を与えました.

さて, 0,1 以外の整数 d に対する $\mathbb{Q}(\sqrt{d})$ 整数環についてですが, まず $\mathbb{Q}(\sqrt{d})$ が集合 $\{\alpha+\beta\sqrt{d}\,;\alpha,\beta\in\mathbb{Q}\}$ と一致することは定義から直ちにわかります[※14]. $\mathbb{Q}(\sqrt{d})$ を **2 次体**と呼びます. $d>0$ のとき $\mathbb{Q}(\sqrt{d})$ を**実 2 次体**と言い, $d<0$ なら**虚 2 次体**と言います.

2 次方程式

$$X^2+aX+b=0$$

をみたす $\mathbb{Q}(\sqrt{d})$ の元を整数 a,b すべてにわたって集めたものが $\mathbb{Q}(\sqrt{d})$ **整数環** $\mathcal{O}_{\mathbb{Q}(\sqrt{d})}$ の定義でした. 一般には $\mathcal{O}_{\mathbb{Q}(\sqrt{d})} \neq \mathbb{Z}[\sqrt{d}]$ です.

例 $\mathcal{O}_{\mathbb{Q}(\sqrt{-3})} = \mathbb{Z}[\omega]$ (ただし $\omega = \dfrac{1+\sqrt{-3}}{2}$).

より詳しくは次が成り立ちます.

定理 1 $d \equiv 1 \pmod 4$ のとき $\mathcal{O}_{\mathbb{Q}(\sqrt{d})} = \mathbb{Z}\left[\dfrac{1+\sqrt{d}}{2}\right]$ であり, それ以外のときは $\mathcal{O}_{\mathbb{Q}(\sqrt{d})} = \mathbb{Z}[\sqrt{d}]$ である.

証明 $d = 4n+1$ のとき

$$\left(\frac{1+\sqrt{d}}{2}\right)^2 = 2n+1+\sqrt{d}$$

[※14] 通常は d は平方因子を含まないとする.

より $\dfrac{1+\sqrt{d}}{2} \in \mathcal{O}_{\mathbb{Q}(\sqrt{d})}$.

逆に $\alpha = a + b\sqrt{d} \in \mathcal{O}_{\mathbb{Q}(\sqrt{d})}$ ならば

$$a - b\sqrt{d} \in \mathcal{O}_{\mathbb{Q}(\sqrt{d})} \Rightarrow a^2 - b^2 d \in \mathbb{Z},$$
$$2a \in \mathbb{Z} \to 4b^2 d \in \mathbb{Z} \to 2b \in \mathbb{Z}.$$

ゆえに

$$\alpha = \frac{\mu + \nu\sqrt{d}}{2} \ (\mu, \nu \in \mathbb{Z}).$$

これより $d = 4n+3$ のときは μ, ν は偶数でなければならない.

□

■ 既約元と素元

$\mathbb{Z}[\sqrt{-1}]$ におけると同様，一般の整域にも乗法の可逆元としての単数があります．$\mathcal{O}_{\mathbb{Q}(\sqrt{d})}$ や $\mathbb{Z}[\sqrt{d}]$ の単数の具体的な形を求めることはそう難しくありませんが[15]，一般には単数の集合の構造を記述するためには深い理論が必要です．単数ではなく，単数及び自身の単数倍でしか割れない数を**既約元**と呼びます．任意の数（$\neq 0$）が単数倍と順序を除いて一意的に既約元の積として書けるかどうかは基本的な問題です[16]．しかしこれは素因数分解の問題とは微妙に違います．実際，$\mathbb{Z}[\sqrt{-1}]$ において素因数分解が可能な理由は

ガウス素数 α がガウス整数 β, γ の積の約数なら α は β または

---

[15] 不定方程式 $X^2 - dY^2 = \pm 1$ を解くことに帰着する.

[16] γ が既約元 α で割れるとき，α は γ の（一つの）**既約因子**であるという.

γ の約数である.

が成り立っていたからでしたが，一般の $\mathcal{O}_{\mathbb{Q}(\sqrt{d})}$ においてはこれに対応する

α が既約で $\dfrac{\beta\gamma}{\alpha}\in\mathcal{O}_{\mathbb{Q}(\sqrt{d})}$ ならば，

$\dfrac{\beta}{\alpha}\in\mathcal{O}_{\mathbb{Q}(\sqrt{d})}$ または $\dfrac{\gamma}{\alpha}\in\mathcal{O}_{\mathbb{Q}(\sqrt{d})}$ である.

は，d によって成り立つときとそうでないときがあるのです．そこで次の定義をします.

定義 1 整域 A の元 α が A の**素数**（または**素元**）であるとは，A の二つの元 β,γ が $\dfrac{\beta\gamma}{\alpha}\in A$ を満たせば

$$\frac{\beta}{\alpha}\in A \ \text{ または } \ \frac{\gamma}{\alpha}\in A$$

となるときをいう．$A\backslash\{0\}$ の任意の元が順序と単数倍を除いて素元の積に一意的に分解するとき，A は**素元分解環**であるという[17].

例 $\mathbb{Z}[\sqrt{-5}]$ は，既約であるが素数でない数を含む.

実際，

---

[17] 関数論や代数幾何学では多項式環や収束べき級数環が素元分解環であることは重要な基礎定理である．素元分解環を短く **UFD**（unique factorization domain）と呼ぶことも多い．ちなみに，$K=\mathbb{Q}(e^{\frac{2\pi\sqrt{-1}}{m}})$（$m\in\mathbb{N}$, $m\not\equiv 2\,(\mathrm{mod}\,4)$）ならば $\mathcal{O}_K=\mathbb{Z}[e^{\frac{2\pi\sqrt{-1}}{m}}]$ であり，$\mathcal{O}_K$ が UFD になるのは以下の場合であることが知られている.

$m=\ 3,4,5,7,8,9,11,12,13,15,16,17,19,20,21,24,25,27,28,32,33,35,36,40,44,45,48,60,84\,(\mathrm{cf.}\,[\mathrm{M\text{-}M}])$.

$$2 = (u + v\sqrt{-5})(s + t\sqrt{-5}) \Rightarrow$$
$$4 = |u + v\sqrt{-5}|^2 |s + t\sqrt{-5}|^2$$
$$= (u^2 + 5v^2)(s^2 + 5t^2) \Rightarrow$$
$$u^2 = 4, s^2 = 1, v = t = 0$$
$$\text{または } u^2 = 1, s^2 = 4, v = t = 0$$

という計算から 2 は $\mathbb{Z}[\sqrt{-5}]$ 内で既約であることが分かりますが，$6 = (1+\sqrt{-5})(1-\sqrt{-5})$ は 2 で割れるのに

$$\frac{1+\sqrt{-5}}{2}, \ \frac{1-\sqrt{-5}}{2} \notin \mathbb{Z}[\sqrt{-5}]$$

なので，2 は $\mathbb{Z}[\sqrt{-5}]$ 内で素数ではありません.

　今回は複素数が整数論に用い始められたころの有名な話をご紹介し，代数的整数論の発端の一つがフェルマーの予想であったことを述べました．2 次体 $\mathbb{Q}(\sqrt{d})$ の整数環については素因数分解定理がそのままの形では拡張できないということを確認したにとどまりましたが，ガウスとディリクレの理論においては，2 変数の 2 次形式を通じて 2 次体と L 関数が関係します．例えば $\mathcal{O}_{\mathbb{Q}(\sqrt{d})}$ が素元分解環であるかどうかは，ある特別な指標 χ に対する L 関数の特殊値 $L(1, \chi)$ で決まります．この不思議な関係を拡げる研究がクンマー，クロネッカー，デデキントらによって進められ，理想数とイデアルの概念の導入を経て類体論へとつながっていきます．そこで次回はそのあたりを眺めてみましょう.

補足 1　連立方程式と行列式

　代数的整数の集合が加法と乗法に関して閉じていることは非常に重要な事実で，高木先生による類体論の解説 [T] もその証明から始まっていますが，その要点は連立 1 次方程式

$$a_{11}x_1+a_{12}x_2+\cdots+a_{1n}x_n=0$$
$$a_{21}x_1+a_{22}x_2+\cdots+a_{2n}x_n=0$$
$$\cdots\cdots\cdots\cdots$$
$$a_{n1}x_1+a_{n2}x_2+\cdots+a_{nn}x_n=0$$

が $x_1=0, x_2=0,\cdots,x_n=0$ 以外の解を持つための必要かつ十分な条件として知られる

$$(a_{ij})_{1\le i,j\le n} \text{ の行列式} = 0 \tag{1}$$

という等式です．この左辺が a_{ij} に関する単項式たち $a_{1j_1}a_{2j_2}\cdots a_{nj_n}$（ただし $\{j_1,j_2,\cdots,j_n\}=\{1,2,\cdots,n\}$）の ±1 を係数とする 1 次結合[18] であることを踏まえて，代数的整数の概念が成り立っています．

補足 2　平方剰余の相互法則の証明

　平方剰余の相互法則の証明は 240 以上知られています（cf. [L]）．以下の証明はガウスによるものですが[19]，要点だけをなるべく丁寧に述べてみようと思います．

第一段：オイラーの基準と第一補充法則

　p を素数とする．整数 a,b に対し

$$ab\equiv 0 \pmod p \Rightarrow a\equiv 0 \pmod p \text{ または } b\equiv 0 \pmod p$$

であることから，$a\not\equiv 0 \pmod p$ ならば $a,2a,\cdots,(p-1)a$ を p で割った余り（0 以上 $p-1$ 以下）は $1,2,\cdots,p-1$ で尽くされる．こ

---

[18] (1) の左辺 $=\sum_\sigma (\text{sgn}\,\sigma)\cdot a_{1\sigma(1)}a_{2\sigma(2)}\cdots a_{n\sigma(n)}$. ただし σ は $\{1,2,\cdots,n\}$ からそれ自身への 1 対 1 の対応全体を動き，$\text{sgn}\,\sigma$ は ±1 で，σ が 2 個の入れ替えを偶数回繰り返したものであれば $+1$，奇数回ならば -1 とする．

[19] ガウスは相互法則を 1795 年に独力で発見したそうである（cf. [Tn]）．

のことから

$$(p-1)!a^{p-1} \equiv (p-1)! \pmod{p}$$

となり，フェルマーの小定理 $a^{p-1} \equiv 1 \pmod{p}$ が従う．p が奇数で $a \not\equiv 0 \pmod{p}$ のとき，$a, a^2, \cdots, a^{p-1}$ を p で割った余りについては同じものが重複する時としないときがあり，重複するとき（例えば $a=1$）は $a^{\frac{p-1}{2}} \equiv 1 \pmod{p}$ しないとき（例えば $a=p-1$）は $a^{\frac{p-1}{2}} \equiv -1 \pmod{p}$ となる．この区別が丁度，$x^2 \equiv a \pmod{p}$ が解けるか解けないか，すなわち $\left(\dfrac{a}{p}\right) = 1$ か $\left(\dfrac{a}{p}\right) = -1$ かに対応している．言い換えればこのとき

$$\left(\frac{a}{p}\right) \equiv a^{\frac{p-1}{2}} \pmod{p}$$

となる．これを**オイラーの基準**と呼ぶ．オイラーの基準から，平方剰余の相互法則のうちの**第一補充法則**と呼ばれる

$$\left(\frac{-1}{p}\right) = (-1)^{\frac{p-1}{2}}$$

がただちに従う． □

第二段：負の余りとガウスの補題

相互法則の証明のため，ガウスは $a, 2a, \cdots, \dfrac{(p-1)}{2}a$ を p で割った余りの分布を観察し，$\left(\dfrac{a}{p}\right)$ のうまい特徴づけを与えました．これは余りの集合 $\{1, 2, \cdots, p-1\}$ を $S = \left\{ -\dfrac{p-1}{2}, \ -\dfrac{p-3}{2}, \cdots, -1, 1, 2, \cdots, \dfrac{p-1}{2} \right\}$ にシフトすることにより，次のように簡潔に表現できます．

ガウスの補題

$a, 2a, \cdots, \dfrac{p-1}{2}a$ を p で割って余りを S に入れたとき，負にな

るものの個数 μ とすれば $\left(\dfrac{a}{p}\right) = (-1)^\mu$ である．

証明

$\ell = 1, 2, \cdots, \dfrac{p-1}{2}$ に対し

$$\ell a = pq_\ell \pm m_\ell \ (m_\ell > 0)$$

とおくと，$\ell \neq k$ のとき $m_\ell \neq m_k$ でなければならない．なぜ
なら，もし $m_\ell = m_k$ だったとすると $\ell a \equiv \pm ka \pmod{p}$ より
$\ell \pm k \equiv 0 \pmod{p}$ だが，$\ell \neq k$ かつ $|\ell \pm k| \leq |\ell| + |k| \leq p-1$ な
のでこれは不可能．よって

$$\left\{1, 2, \cdots, \frac{p-1}{2}\right\} = \{m_1, m_2, \cdots, m_{\frac{p-1}{2}}\}$$

となる．よって式

$$\ell \cdot a \equiv \pm m_\ell \pmod{p} \ \left(\ell = 1, 2, \cdots, \frac{p-1}{2}\right)$$

をすべて辺々掛け合わせると

$$\left(\frac{p-1}{2}\right)! a^{\frac{p-1}{2}} \equiv (-1)^\mu \left(\frac{p-1}{2}\right)! \pmod{p}$$

となるから $a^{\frac{p-1}{2}} \equiv (-1)^\mu \pmod{p}$．これとオイラーの基準より結
論を得る．　　　　　　　　　　　　　　　　　　　　　　　　$\square$

ガウスの補題の μ を $\mu(a, p)$ と書くと，相互法則 $(p, q > 2)$ を

$$\mu(p, q) + \mu(q, p)$$

$$(\equiv \mu(p, q) - \mu(q, p)) \equiv \frac{(p-1)(q-1)}{4} \pmod 2$$

と書くことができます．つまり $q, 2q, \cdots, \dfrac{p-1}{2}q$ を p で割った余りと $p, 2p, \cdots, \dfrac{q-1}{p}$ を q で割った余りが p と q の入れ替えによってどう変わるかを見ればよくなったわけです．

第二補充法則の証明．ガウスの補題において，$a = 2$ ならば μ は $2 \cdot 1, 2 \cdot 2, \cdots, \dfrac{p-1}{2}$ のうちで $\dfrac{p-1}{2}$ を超えるものの個数なので，$\mu = \dfrac{p-1}{2} - \left[\dfrac{p-1}{4} \right]$ となる．したがって

$$p = 8k + 1 \Rightarrow \frac{p-1}{2} = 4k, \mu = 2k \Rightarrow \left(\frac{2}{p} \right) = 1.$$

$$p = 8k + 7 \Rightarrow \frac{p-1}{2} = 4k + 3, \mu = 2k + 2 \Rightarrow \left(\frac{2}{p} \right) = 1.$$

$$p = 8k + 3 \Rightarrow \frac{p-1}{2} = 4k + 1, \mu = 2k + 1 \Rightarrow \left(\frac{2}{p} \right) = -1.$$

$$p = 8k + 5 \Rightarrow \frac{p-1}{2} = 4k + 2, \mu = 2k + 2 \Rightarrow \left(\frac{2}{p} \right) = -1.$$

まとめて書くと**第二補充法則** $\left(\dfrac{2}{p} \right) = (-1)^{\frac{(p-1)^2}{8}}$ が得られる． □

第三段： $\left(\dfrac{p}{q} \right) \left(\dfrac{q}{p} \right) = (-1)^{\frac{(p-1)(q-1)}{4}}$ の証明

$a = q$ に対するガウスの補題の μ と

$$L = \left[\frac{q}{p} \right] + \left[\frac{2q}{p} \right] + \cdots + \left[\frac{\frac{1}{2}(p-1)q}{p} \right]$$

を比べる．

まず，$q, 2q, \cdots, \dfrac{1}{2}(p-1)q$ を p で割った（普通の）余りを $r_1, r_2, \cdots, r_{\frac{1}{2}(p-1)}$ とし，このうち $\dfrac{p}{2}$ 未満のものを $a_1, \cdots, a_\nu$，$\dfrac{p}{2}$ を超えるものを $b_1, \cdots, b_\mu$ として

$$A = \sum_i a_i, \; B = \sum_j b_j$$

と置く．

すると

$$q = p\left[\frac{q}{p}\right] + r_1,$$

$$2q = p\left[\frac{2q}{p}\right] + r_2, \cdots,$$

$$\frac{1}{2}(p-1)q = p\left[\frac{\frac{1}{2}(p-1)q}{p}\right] + r_{\frac{1}{2}(p-1)}$$

であるので，これらを辺々加えて

$$\frac{1}{8}(p^2-1)q = pL + A + B \tag{2}$$

が得られるが

$$\{a_1, a_2, \cdots, a_\nu, \, p-b_1, \, p-b_2, \cdots, p-b_\mu\} = \left\{1, 2, \cdots, \frac{1}{2}(p-1)\right\}$$

なので

$$\frac{1}{8}(p^2-1) = 1 + 2 + \cdots + \frac{1}{2}(p-1) = A + \mu p - B. \tag{3}$$

したがって

$$(2)-(3) \Rightarrow \frac{1}{8}(p^2-1)(q-1) = (L-\mu)p + 2B.$$

これより

$$\mu \equiv L + \frac{1}{8}(p^2-1)(q-1) \equiv L \pmod 2$$

よって

$$\left(\frac{q}{p}\right) = (-1)^L$$

が得られるので, p と q を入れ替えて得られる式と次の命題から
結論が得られる. □

命題 相異なる二つの奇素数 p, q に対し

$$\left[\frac{q}{p}\right] + \left[\frac{2q}{p}\right] + \cdots + \left[\frac{\frac{1}{2}(p-1)q}{p}\right] + \left[\frac{p}{q}\right] + \left[\frac{2p}{q}\right] + \cdots$$

$$\cdots + \left[\frac{\frac{1}{2}(q-1)p}{q}\right] = \frac{1}{2}(q-1)(p-1).$$

この命題の証明は, 長方形 (辺長は $\dfrac{p-1}{2}$ と $\dfrac{q-1}{2}$) の中の格
子点の個数を二通りの方法で数えるという初等的な性質のもので
すので, 読者の演習にゆだねたいと思います[20].

参考文献

[A] 足立恒雄 フェルマーの大定理 整数論の源流 筑摩書房, 2006

[A-M] 足立恒雄・三宅克哉 類体論講義 日評数学選書 日本評論社 1998

[H-W] G. H. Hardy (著), E. M. Wright (著), Roger Heath-Brown (編集), Joseph Silverman (編集) An introduction to the theory of numbers, sixth edition Oxford Univ. Pr. 2008

[L] Lemmermeyer, F. "Proofs of and Bibliography on the Quadratic Reciprocity Law" 平方剰余の相互法則 フリー百科事典『ウィキペディア (Wikipedia)』の脚注 2017

[M-M] Masley, J. M. and Montgomery, H.L., *Cyclotomic fields with unique factorization*, J. Reine Angev. Math., **286/287** (1976), 248-256.

[T] 高木貞治 代数的整数論 第2版 岩波書店 1971.

[Tn] 淡中忠郎 数学雑談 ガウスの業績 (その4) 大学への数学 1984年11月号 東京出版.

---

[20] 詳しくは [H-W,Theorem 100] などを参照.

第 **9** 話

素因数分解と類数

　オイラーが平方剰余の相互法則の発見に行きついたのは，フェルマーによる x^2+y^2 の素因子の研究を引き継いだ結果でした．1741 年にはゴルトバッハ[※1]に「a と b が互いに素な場合の $a^2 \pm mb^2$ の因数について，奇妙な性質を発見しました．ここには何か秘密が隠されているようです ...」と書き送っています．このようにして拡げられた問題の一つを，オイラーは今の言葉で言えば 2 次体の整数環における既約因子を調べて解いたのでしたが，これが何世代か後にはフェルマー予想が絡んだ大きな動きへとつながっていきました．

　ガウス整数環 $\mathbb{Z}[\sqrt{-1}]$ の一般化として代数的整数環があります．その中で，2 次体 $\mathbb{Q}(\sqrt{d})$ の整数環の場合には，素因数分解の一意性は**類数**というものによって判定できます．この類数を L 関数の特殊値に結びつけるのが**類数公式**です．その仕組みはやや複雑なのですが，類数の概念そのものは基本的で，後に一般化され

[※1]　C. Goldbach 1690–1764. プロイセン出身の数学者．オイラーに整数論を勧めた.

て類体論へとつながっていきますので，そこを例とともに詳しく述べたいと思います．

さて，オイラーが上の手紙を書いたときにはまだ 5 歳だったラグランジュ[※2] は，長じてフランスを代表する大数学者になり，フェルマーとオイラーの研究をさらに進めました．2 次体との関連で特に重要なのは，2 元 2 次形式

$$aX^2 + bXY + cY^2 \ (a, b, c \in \mathbb{Z}, \ b^2 - 4ac \neq 0)$$

を $aX^2 + bXY + cY^2 = k$ の整数解が存在するような k の取りうる値によって分類し始めたことです．そのためにラグランジュは，$aX^2 + bXY + cY^2$ と $a'X^2 + b'XY + c'Y^2$ が同等であることを，変数の変換

$$X, Y \implies \alpha X + \beta Y, \ \gamma X + \delta Y$$

$$(\ \alpha, \beta, \gamma, \delta \in \mathbb{Z} \ \text{かつ} \ \alpha\delta - \gamma\delta = 1 \ )$$

で一方が他方に移ることと定め，互いに同等でない 2 次形式がどれだけあるかを調べました．$aX^2 + bXY + cY^2$ と $a'X^2 + b'XY + c'Y^2$ がこの意味で同等ならば $b^2 - 4ac = b'^2 - 4a'c'$ が成り立つことが，簡単な計算でわかります．$b^2 - 4ac$ を $aX^2 + bXY + cY^2$ の**判別式**と言い，以下では D で表します．

判別式といえば，2 次方程式 $ax^2 + bx + c = 0$ の根

$$\theta = \frac{-b \pm \sqrt{b^2 - 4ac}}{2a}$$

に現れる平方根の中の $b^2 - 4ac$ ですが，互いに素な整数 a, b, c を使って上の形で書ける無理数全体の中で，二つの数 θ と θ' の間に関係式

[※2]　J.-L. Lagrange 1736-1813.

$$\theta = \frac{\alpha\theta' + \beta}{\gamma\theta' + \delta} \quad (\alpha\delta - \beta\gamma = \pm 1,\, \alpha, \beta, \gamma, \delta \in \mathbb{Z})$$

があることと，対応する方程式の判別式どうしが等しいことは同等になります．

ラグランジュは無理数の連分数展開[3]の研究でも有名です[4]．無理数 x と x' が上の意味で同等であることと，これらの連分数展開があるところから先で一致することが同等になることが知られています[5]．

ちなみに，不定方程式 $aX^2 + bXY + cY^2 = k$ の解の個数を判別式 D によって分類すると次の表のようになります[6]．

判別式	解の数
（Ⅰ）$D = 0$	0 または無限
（Ⅱ）D は 0 でない平方数	有限（0 を含む）
（Ⅲ）$D < 0$	同上
（Ⅳ）D は正で平方数でない	0 または無限

定義 1 判別式 D を持つ 2 元 2 次形式でどの二つも互いに同等でないものの最大個数を（D に付随する 2 次形式の ）**類数**と言い，$H(D)$ で表す．

---

[3] 無理数 x に対し，$x = [x] + \cfrac{1}{\frac{1}{x-[x]}} = \cdots$ という風につなげていった式を x の連分数展開という．

[4] 「x は 2 次の無理数 $\Longleftrightarrow x$ は循環連分数展開を持つ」がとくに有名．

[5] cf. [T-1].

[6] cf. [T-1].

　ラグランジュが示した $H(D)<\infty$ は重要な基本定理です[※7]．ガ
ウスは『数論考究』で整数係数の 2 元 2 次形式を徹底的に分類し，
フェルマー，オイラー，ラグランジュおよびルジャンドルらによ
って積み上げられた 2 次の不定方程式論に統一的な形を与えたの
でした．その後の研究でガウスが 4 乗剰余の相互法則をガウス整
数の素因数分解と結びつけて以来，ガウス理論の持つ新しい意味
を汲み取ったクンマー，クロネッカー，ディリクレ，そしてデデ
キントらによって，代数的整数の理論の骨組みが明確に形作られ
たのでした．

　この方向に話を進めたいのですが，その前にフェルマーが予測
しオイラーが証明した次の定理の，ガウス整数を用いた証明を見
ておきましょう．

定理 1　素数 p に対する方程式 $x^2+y^2=p$ は $p\equiv 1\ (\mathrm{mod}\,4)$ の
時に整数解を持つ．

証明　相互法則により，$p\equiv 1\ (\mathrm{mod}\,4)$ ならば $\left(\dfrac{-1}{p}\right)=1$ であ
る．すなわち $r^2\equiv -1\ (\mathrm{mod}\,p)$ をみたす整数 r がある．この
とき $r^2+1=(r+\sqrt{-1})(r-\sqrt{-1})$ は p で割り切れるので，
$r^2+1=mp$ とおく．ここで p と $r-\sqrt{-1}$ の最大公約数すなわちガ
ウス整数を係数とする p と $r-\sqrt{-1}$ の一次結合 $Ap+B(r-\sqrt{-1})$

[※7] 証明は［Z］（二通り）などを参照．類数の概念は後に「代数体のイデアル類群の
位数」として一般化された．「類数の有限性定理」と「ディリクレの単数定理」は代
数的整数論の 2 大定理とされる（cf.［KKS］）．

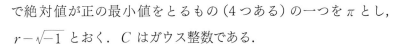

で絶対値が正の最小値をとるもの（4つある）の一つを π とし，$r-\sqrt{-1}$ とおく．C はガウス整数である．

π とその複素共役 $\bar{\pi}$ は p の約数で p は素数だから $|\pi|^2$ が取りうる値は 1, p または p^2 の3通りだが，実際は $|\pi|^2 = p$ であることを示そう．

もし $|\pi| = 1$ であるとすれば，必要なら π に単数を掛けて $\pi = 1$ であるとして構わない．$\pi = Ap + B(r-\sqrt{-1}) = 1$ ならば $Ap(r+\sqrt{-1}) + B(r^2+1) = (A(r+\sqrt{-1})+Bm)p = r+\sqrt{-1}$ となり，$\dfrac{r-\sqrt{-1}}{p}$ はガウス整数ではないのでこれは不合理．

$|\pi|^2 = p^2$ であったとすると $\dfrac{p}{\pi}$ は単数でなければならず，従って p 自身が p と $r-\sqrt{-1}$ の最大公約数になるが，$\dfrac{r-\sqrt{-1}}{p}$ はガウス整数でないからこれも不合理．

従って $p = |\pi|^2$ すなわち $p = \pi\bar{\pi} = x^2 + y^2$ が成り立たねばならない． $\qquad\qquad\qquad\qquad\qquad\qquad\qquad\qquad\qquad\qquad\square$

このように，素数 p をパラメータとする一つの方程式系について，その可解性の条件がもっとも簡単な素数の区分けに対応しており，その理由が基本的には平方剰余の相互法則にあるということは，ガウスやディリクレならずとも多くの数学者たちがこの事実を可能な限り一般化しようとした動機として，十分に納得できるように思います．

定理1とその証明を踏まえたこのような整数論の展開の中で，「$H(D) = 1$ ならば $\mathcal{O}_{\mathbb{Q}(\sqrt{D})}$ で素因数分解定理が成立する．」は基本

的です[8]. これは一般論としてはデデキントによるイデアルの概念の導入後に明らかになったことですが, $\mathcal{O}_{\mathbb{Q}(\sqrt{-4})} = \mathbb{Z}[\sqrt{-1}]$ ですからここではせめて $H(-4) = 1$ であることだけは確かめておきたいと思います[9].

定理 2　$H(-4) = 1.$

証明　$D = b^2 - 4ac = -4$ とする. $aX^2 + bXY + cY^2$ と同値な 2 元 2 次形式 $a'X^2 + b'XY + c'Y^2$ のうちで a' が最小になるものを選び, $a_0 X^2 + b_0 XY + c_0 Y^2$ とおく. $aX^2 + bXY + cY^2$ と $cX^2 + bXY + aY^2$ は同値だから $(0 <) a_0 \leq c_0$. 変換 $X \to X + kY$, $Y \to Y$ で $a_0 X^2 + b_0 XY + c_0 Y^2$ は $a_0 X^2 + (b_0 + 2k)XY + (c_0 + a_0 k^2 + b_0 k)Y^2$ に変わり, 条件より b_0 は偶数だから, $aX^2 + bXY + cY^2$ は $a_0 X^2 + c'' Y^2$ $(a_0 \leq c'')$ と同値. さらに $-4a_0 c''(= D) = -4$ より $a_0 = c'' = 1$ となるので, $aX^2 + bXY + cY^2$ は結局 $X^2 + Y^2$ と同値になる.　　　□

ちなみに, $x^2 + 2xy + 2y^2$ の判別式は -4 ですから, フェルマーが発見した

$x^2 + 2 = y^3$ の整数解は $x = 5$, $y = 3$ だけである.

は, $\mathbb{Q}[\sqrt{-2}]$ における素因数分解の一意性を使って簡単に示すこ

---

[8] 証明は [Z] などを参照.

[9] ちなみに $H(-5) = 2$.

とができます[※10].

L 関数と類数

　L 関数という特殊な無限級数が類数という代数的な量と結びつくことは実に不思議ですが，ごく荒っぽく言えば ζ 関数の関数等式に似た L 関数の対称性の働きによるということになるかと思います．詳しくは説明できませんが，高木先生の解説 [T-1, 付録] によるディリクレの「着想の要所」に沿って，ここではその雰囲気だけを味わってみましょう．

　ゼータ関数 $\zeta(s)$ の無限積表示はすべての素数にわたっていましたが，2次体 K の整数環に対しても類似の無限積によって「2次体のゼータ関数」$\zeta_K(s)$ を定義すれば，その因子を区分けすることにより自然な分解

$$\zeta_K(s) = \zeta(s)L_K(s)$$

が得られます．

　この $L_K(s)$ がある指標 χ_K[※11] を使って $L(s, \chi_K)$ の形で書けるということと，$L(1, \chi_K)$ と $H(D)$ が，算術級数定理における素数の分布密度に相当する「2次体の各類に共通する密度」$\kappa(D)$ を使って

$$H(D)\kappa(D) = L(1, \chi_K) \tag{1}$$

[※10] cf. [T-1].

[※11] χ_K は K に応じて決まる指標で**クロネッカーの指標**と呼ばれる．定義は補足1を参照．

という式で結びつけられるというところがポイントです．このような仕組みで L 関数の特殊値が K の整数環における素因子の区分けと自然に結びついているというわけです．

ディリクレは L 関数が如何に素数の分布を反映しているかについての深い考察から (1) に達したのであろうと思われます．

1939 年，ディリクレはこれをふまえて類数 $H(D)$ と $L(1, \chi_K)$ の間に次の関係が成り立つことを示しました．

χ_K を D に応じたクロネッカーの指標とすると，$H(D)$ が以下で計算できる．

（ i ）$D < 0$ のとき（虚 2 次体）

$$H(D) = \frac{w\sqrt{-D}}{2\pi} L(1, \chi_K).$$

ただし，w は $\mathcal{O}_{\mathbb{Q}(\sqrt{D})}$ における単数の個数．

（ ii ）$D > 0$ のとき（実 2 次体）

$$H(D) = \frac{\sqrt{D}}{\log \epsilon} L(1, \chi_K).$$

ただし，ϵ は $\mathcal{O}_{\mathbb{Q}(\sqrt{D})}$ の基本単数．[12]

ディリクレが L 関数を導入した主目的はこれだったわけですが，最近のレンメルマイアー教授[13] のコメント[14] によれば，ガ

---

[12] 自然数 t に対し u を不定方程式 $t^2 - du^2 = 4$ の最小の自然数としたとき，$\epsilon = \frac{1}{2}(t + u\sqrt{d})$．

[13] Franz Lemmermeyer 1962– ．ドイツの数学者（学問的にはディリクレから数えて 6 代目の子孫にあたる．）

[14] cf. nt.number theory - Did Gauss know Dirichlet's class number formula in 1801? – MathOverflow

ウスは 1834 年にはこの公式を知っていたことが，遺稿の中の未発表の論文から分かるそうです．

ちなみに $D=-4$ のときは $\mathcal{O}_{\mathbb{Q}(\sqrt{-4})}=\mathbb{Z}[-1], H(-4)=1, w=4$, $\chi_K=\chi_4$ となることから，類数公式は良く知られた等式 $\frac{\pi}{4}=1-\frac{1}{3}+\frac{1}{5}-\frac{1}{7}+\cdots$ に他なりません．この等式自体は今日の大学一年生のレベルですが，類数公式とのつながりにふれているのは整数論の本だけのようです．

さて，類数公式は確かに素晴らしいのですが，実際にこれを使って素因数分解定理が確かめられる 2 次体の例は多くないようです．類数は計算しにくいことでも有名ですが，ガウスが特に関心を持った問題は次の 3 つです．

Ⅰ．$D \to -\infty$ のとき $H(D) \to \infty$（ガウスの予想）

Ⅱ．小さな類数を持つ虚 2 次体をリストアップせよ．（ガウスの類数問題）

Ⅲ．$H(D)=1$ なる $D>0$ は無限個であろう．

Ⅰは 1934 年にハイルブロン[15] によって解決されました．

Ⅱについては $H(D)=1$ となる D は完全に決定されています．つまり，類数が 1 である虚 2 次体 $\mathbb{Q}(\sqrt{k})$ の完全なリストは，k が以下のものです．

$$-1, -2, -3, -7, -11, -19, -43, -67, -163.$$

このリストの完成にいたる興味深い経緯があります．最後の

---

[15] Hans Heilbronn 1908-75. ドイツの数学者

－163 がなかなかわからなかったのですが，1933 年，ドイリング[16] は，類数が 1 の虚 2 次体が無限に存在するならばリーマン予想が正しいことを証明しました．ところが同じ 1933 年に，レーマー[17] は k が － 67 未満のものがあったとしても，それらは $(-5)\times10^9$ 以上であることを示し，リーマン予想へのこのアプローチが無益であることを示しました．1934 年にハイルブロンとリンフット[18] はこの範囲にはあったとしても一つしかないことを示しました．それが － 163 であることは 1952 年のヒーグナー[19] の論文とそれを補完する 1967 年のスターク[20] の論文で示されました[21]．さらに 1986 年，グロス[22] とザギヤ[23] による「楕円曲線の L 関数」を用いた公式により，与えられた類数を持つ虚 2 次体の完全なリストは有限回の計算により確定できることがわかりました．2003 年にワトキンス[24] は $n = 100$ 以下のすべての場合についてリストを求めました [W]．

　Ⅲは未解決です．

---

[16] Max Deuring 1907-84. ドイツの数学者 .

[17] Derrick Henry Lehmer 1905-91. アメリカの数学者 .

[18] Edward Hubert Linfoot（1905-82）イギリスの数学者

[19] Kurt Heegner 1893-1965. ラジオ技師が本業のアマチュア数学者.

[20] Harald Mead Stark 1939-. アメリカの数学者 .

[21] スターク以前の結果については主に [Tk] によった．ベイカー（Alan Baker 1939-2018）は 1966 年にヒーグナー・スタークとは異なる証明を与えた．

[22] Benedict Gross 1950- . 米国の数学者 .

[23] Don Bernard Zagier 1951- . 米国系のドイツ人数学者 .

[24] Mark Watkins 米国の数学者 .

■ 1 のべき根とクンマー

　ガウスの『数論考究』の最終章は方程式 $X^n-1=0$ の解法理論です．そこでは有名なガウスの「数学日記」の第一項として「円周の等分の基になる原理，それによって幾何学的に 17 等分等々」とだけ書かれたことを詳細に，しかも 19 等分の理論にまで拡げて論じてあります．$n=17$ のときは 2 次方程式を 4 回，$n=19$ のときは 2 次方程式と 3 次方程式をそれぞれ 1 回と 2 回解けば良いことを示しており，言いかえれば $\mathbb{Q}$ を小刻みに段階的に拡げて $\mathbb{Q}(\sigma)$ $(\sigma^{17}=1)$ や $\mathbb{Q}(\xi)$ $(\xi^{19}=1)$ に到る手続きが，四則演算と開平および開立の繰り返しだけでできることを保証しています．このことは後のルフィニ[※25]，アーベル[※26] およびガロア[※27] による一般の代数方程式の解法理論の原型として重要ですが，素因数分解の観点からは，$\mathbb{Q}(\zeta)$ $(\zeta^n=1)$ の整数環 $\mathcal{O}_{\mathbb{Q}(\zeta)}$ 内で既約元が素元になる n はどれかといったことが問題です．$n=23$ の場合がラメにとって躓きの石でしたが，この行き詰まりを打開したのがクンマーで，ここから整数論の新しい芽が育っていきました．

　数学辞典 [S] の整数論の項目では，ディリクレの算術級数定理に続けて，クンマーの仕事とそれに続くデデキントの貢献が次のように紹介されています．

　　クンマーはフェルマの問題にガウスの円分体の整数論を利用

[※25]　P. Ruffini 1765-1822. イタリアの数学者

[※26]　N. H. Abel 1802-29. ノルウェーの数学者

[※27]　É. Galois 1811-32. フランスの数学者

し，大きな成果を挙げた．とりわけ，素因数分解の一意性に代わる概念として理想数を導入したが，現代の目から見れば，これは付値とその延長の理論である[28]．クンマーの整数論の場は円分体だったが，デデキントはディリクレの"整数論講義"の付録として一般的な**代数的整数論**（algebraic number theory）の基礎づけを与えた．

数学辞典　第4版　「整数論」(p.622)より

　クンマーはべき根の専門家であったとも言えます．$\sqrt{2}$，$\sqrt{3}$，$\sqrt{5}$，$\sqrt{7}$ が無理数であることはプラトンの『テアイテトス』にもあるように古代ギリシャで知られていましたが，$1, \sqrt{2}$，$\sqrt{3}$，$\sqrt{5}$，$\sqrt{7}$ の間に有理数係数の非自明な一次関係式が**ない**[29] ことはクンマーの理論によってはじめてわかったことです．

　さて，数学辞典の上の解説にあるように，「一般的な代数的整数論の基礎づけ」がデデキントの業績として有名で，クンマーによる理想数を数の集合として実体化した「イデアル」によって明確化しています．次回はこの理想数とイデアルの理論を覗いてみましょう．

補足 1

　二次体 $K = \mathbb{Q}(\sqrt{D})$ に応じたクロネッカーの指標 χ_K を以下で

---

[28] 「付値」は「因子」とも呼ばれる．クロネッカーは因子が体の拡大によって通常の数に対応する「主因子」の積に分解すると予測し，これが類体論へとつながった．

[29] $a_0 + a_1\sqrt{2} + a_2\sqrt{3} + a_3\sqrt{5} + a_4\sqrt{7} = 0 \ (a_i \in \mathbb{Q})$
　　$\Rightarrow a_0 = a_1 = a_2 = a_3 = a_4 = 0.$

定義する．

n の素因子が D を割り切るとき $\chi_K(n)=0$ とおく．

n と D が互いに素のときは $n=\prod p_k^{e_k}$ と素因数分解して

$$\chi_K(n)=\prod\left(\frac{D}{p_k}\right)^{e_k}$$

とおく．ただし奇素数 p に対する $\left(\dfrac{D}{p}\right)$ はルジャンドル記号で，D が p の平方剰余のとき $+1$，平方非剰余のとき -1 とするが，$p=2$ に対する $\left(\dfrac{D}{p}\right)$ は特別に以下で定義する：

$$\left(\frac{D}{2}\right)=1\ (D\equiv\pm1\,(\mathrm{mod}\,8)),$$
$$=-1\ (D\equiv3\,(\mathrm{mod}\,8)).$$

補足2　ガウス小伝とディリクレの最期

　ガウスはドイツが最も誇る人物の一人で，かつて生誕100年を記念して生地のブラウンシュヴァイク市に建てられた記念碑には，「天空と地上の自然現象を探求し，結果を人類の幸福に役立てた」という言葉が刻まれています．前者には整数論と天文学，後者には電磁気学と電信技術が含まれます．

　職人の家に生まれ母は文盲でしたが異常な才能が認められ，特別な奨学金を得てゲッチンゲン大学で学びました．「言葉を覚えるより先に計算をしていた」と弟子たちに語ったそうですが，「ふと気が付くとそこに数があった」ということでしょうか．19才になる直前に正17角形の作図法を思いついたことがきっかけで数学者になることを決意したと言われます．これは平たく言えばコンパスと定規によるものですが，その数学的本質は，複素平面上では方程

式 $X^n = 1$ の解が円周の n 等分点になることと，$n = 17$ であれば
この解がいくつかの 2 次方程式を段階的に解けば求まる点にあり
ます．後の部分をガウスは年少の頃より親しんだ整数論的な考察
により解決しました．学位論文（1799）では（実質的には）複素係
数のすべての代数方程式

$$X^n + a_1 X^{n-1} + \cdots + a_n = 0 \ (a_k \in \mathbb{C})$$

が複素数の範囲で解を持つことを示しました．これにより複素平
面はガウス平面とも呼ばれるようになりました．

　整数論はガウスによって著しく深化しました．ガウスの主著と
され，名著として繰り返し引用されてきた『数論考究』では 2 次体
と円分体が詳しく論じられています．さらに相互法則の一般化へ
とガウスは新境地を求め，整数論はこれを受けたディリクレやデ
デキントを経て 20 世紀の類体論へと展開しました．これに応じて
L 関数の理論も一層の進展を見せ，その結果，フェルマー予想も
ワイルズ[※30] とテイラー[※31] によって 1995 年に解決されました．

　ガウスはハノーファー公国の求めに応じて地図の製作もしまし
た．ガウスがその時考案した等角図法は，主に比較的狭い範囲の
地形図作成に用いられ，現在の日本における平面直角座標系（平
成 14 年国土交通省告示第 9 号）にも採用されています．測量等を
通じたガウスの人的交流を描いた物語 [K] がベストセラーになっ
たこともあります．

　ディリクレはガウスの後継者として極めて評価の高かった人で，
天体運動論でも名を残す仕事をしています．ゲッティンゲン大学

[※30]　Andrew Wiles 1953–．イギリスの数学者

[※31]　Richard Taylor 1962–．イギリスの数学者

では整数論の他にポテンシャル論，特に距離の 2 乗に反比例する力による運動法則について講義をしました．ガウスへの追悼論文を書きかけたまま亡くなった時には「ディリクレは太陽系の安定性の証明を持ち去った」という噂が立ったと伝えられます．生まれは神聖ローマ帝国の旧都アーヘンと大聖堂で有名なケルンの間のデューレン（Düren）で，当時は 1792 年にフランス革命戦争の勃発後，ナポレオン・ボナパルトの侵攻を受けてフランスに事実上併合されていました※32．中学はボンでしたが，当時は（ガウスの周辺を除けば）数学ではフランスがドイツより進んでいたので，両親の知合いの多いパリで研鑽を積みました．

　ディリクレの最期は『近世数学史談』[T-2] では次のように記されています．

　1858 年の夏ヂリクレはスイスに転地してゲッチンゲン学士院記事に載せるべきガウス記念論文執筆中，急性の心臓病に罹って急遽家に帰って一時小康を得たが，夫人※33 が卒中で急死した後に，再び重態に陥って，1859 年 5 月 5 日遂に瞑した．

参考文献

[G-Z] Gross, B. H. and Zagier, D. B., *Heegner points and derivatives of L-series*, Inventiones Mathematicae **84** (2)：(1986)，225-320．

[KKS] 加藤和也　黒川信重　斎藤毅　数論 1 Fermat の夢　岩波講座　現代数学の基礎　岩波書店　1996．

[K] ダニエル・ケールマン（Daniel Kehlmann）　世界の測量——ガウスとフンボルトの

※32　ディリクレはフランスではディリシュレと呼ばれる．

※33　Rebecka Henriette Dirichlet, 1811-58. 旧姓はメンデルスゾーン（Mendelssohn）で，作曲家フェリックス・メンデルスゾーンの妹として知られる女性．ディリクレにはフンボルトが紹介した．

物語　瀬川 裕司（翻訳）三修社 2008.

[S] 数学辞典　第4版　岩波書店　2007.

[T-1] 高木貞治　初等整数論講義　第2版　岩波書店　1971.

[T-2] 高木貞治　近世数学史談（岩波文庫）1995.

[Tk] 武隈良一　2次体の整数論（数学選書）槇書店　1966.

[W] Watkins, M., *Class numbers of imaginary quadratic fields*, Mathematics of computation **73** 246 (2003), 907-938.

[WK] ウィキペディア https://ja.wikipedia.org/wiki/ ガウス・クリューゲル図法

[Z] Zagier, D.B., *Zetafunktionen und quadratische Körper Eine Einführung in die höhere Zahlentheorie* Springer Verlag 1981.（D. B. ザギャー著　片山孝次訳　数論入門－ゼータ関数と2次体　岩波書店 1990.）

第 **10** 話

■ **フェルマー予想とクンマー** ■

　フェルマーやオイラーらが取り組んだのはピタゴラスやディオファントス以来の不定方程式でした．平方剰余の相互法則はその中でしばらく中心的な問題でしたが，これはガウスの証明によって一段落しました．ガウスはさらに，数の世界を複素数まで広げて 2 次体や円分体を深く研究し，類数の問題を残しました．等差数列に含まれる素数の分布も有名な問題でしたが，ディリクレによって，オイラーのゼータ関数の積公式を L 関数の積公式へと一般化することによって解決されました（算術級数定理）．その後で整数論に新境地を開いたのはクンマーです．決定的な進展は理想数の導入でしたが，そこに行きつくまでの有名な逸話がありますので，今回はそこから始めましょう．発端はクンマーが 1844 年に遭遇した新しい現象です．それはラメが勘違いによりパリでフェルマー予想の解決を宣言する 3 年前のことでした．その時クンマーは円分体の整数環における素因数分解の問題に取り組んでいましたが，図らずもラメを躓かせたのとおなじ障害に遭遇したのです．

■ 複素数は不完全？ ■

　クンマーが取り組んだのは，素数 ℓ と 1 の原始 ℓ 乗根 α に対する円分体 $\mathbb{Q}(\alpha)$ の整数環における素因数分解の問題でした．膨大な計算結果に基づいて書いた論文の中で，クンマーは，$p \equiv 1 \pmod{\ell}$ をみたす素数 p は $\mathbb{Q}(\alpha)$ の整数環 $\mathcal{O}_{\mathbb{Q}(\alpha)} (= \mathbb{Z}[\alpha])$ の中で，素元の積として（順序と単数倍を除いて）一意的に表せると述べました．それをベルリン学士院紀要に投稿しましたが，ヤコビに誤りを指摘されて取り下げました．ヤコビはこの主張が $\ell = 23$ の時は成り立たないことを例を挙げて示したのです．つまり，ラメが「$\mathbb{Z}[\alpha]$ は素元分解環である」という早とちりをする前に，ヤコビはそれが誤りであることを指摘していたことになります．そこでクンマーは，計算結果をまとめ直して再度論文を書きました．修正後のこの論文には，1000 未満の素数 p と $\ell \leq 19$ のときの α に対して，$\mathbb{Z}[\alpha]$ における p の素元分解の表と，$\ell = 23$ の場合に素元分解できない例が含まれています．

　これでそれまでの研究に一応の区切りがついたわけですが，この結果を丹念に見直すうちに，クンマーは素因数分解に関する $\mathcal{O}_{\mathbb{Q}(\alpha)}$ の不完全さを補う素晴らしい方法を発見しました．これが**理想数**の発明で，これによって人類史上初めて，拡張された数の体系における素因数分解定理というものの正体がはっきりとらえられました．

　クンマーが踏み出したそこへの第一歩は，p が $\mathbb{Z}[\alpha]$ で素因数分解できるための条件を明らかにしたことでした．$\mathbb{Z}[\sqrt{-1}\,]$ の場合ですと，$p \equiv 3 \pmod 4$ なら p は $\mathbb{Z}[\sqrt{-1}\,]$ 内でも素数であ

り，$p \equiv 1 \pmod{4}$ なら素因数分解は $p = \pi\bar{\pi}$ の形です[※1]．これは $\ell = 4$ の場合ですが，素数 p を区分けするには，ℓ で割った余りを見る他に，$\mathbb{Z}[\alpha]$ で p がどのように因数分解できるかを見る方法もあります．クンマーが目を付けたのは，ℓ が奇素数のときに $f(\alpha) \in \mathbb{Z}[\alpha]$ に対して $(\ell-1)$ 個の数の積

$$f(\alpha)f(\alpha^2)\cdots f(\alpha^{\ell-1})$$

で定義される数でした．これは非負整数であり，$f(\alpha)$ の**ノルム**と呼ばれます．クンマーはノルムの形になる素数の分解を何通りも計算し，ヤコビの反例を

$\ell = 23$ のとき 47 はノルムにはならないので素元分解はできない

という形にまとめました．論文 [K-1] を覗いてみますと，$\ell = 23$ のときに 5 つの素数 $47, 139, 277, 461, 967$ がノルムでない理由が示されています．これら以外の 11 から 991 までのすべての素数については，それらをノルムとして表してあります．

　クンマーはそれでもこの結果に満足できず，[K-1] の中で「極めて悲しむべきことと思われる[※2]」とコメントしています．しかし翌年には理想数の発見によりこの行き詰まりを打開でき，その喜びを手紙で愛弟子のクロネッカーに伝えています．クンマーの論文集を編集したヴェイユ[※3] は，その様子を次のように解説しています（cf. [K-5]）．

[※1] 前章の定理 1 を参照．

[※2] Maxime dolendum videtur（ラテン語）

[※3] A. Weil 1906-98. フランスの数学者

もはや複素数の痛ましい振舞いをなげき悲しむ必要はない；数学者は，分離できないと知りつつも，フッ素 (Fluor) のような元素を導入する化学者の大胆さを真似るべきである[※4]．複素数を作り上げている既約因子は実在するものである必要はない；それを数として分離できないかもしれないが，それでもなおそれはそこに存在するのである．それが「理想数」なのだ．

（足立恒雄訳 (cf. [A])）

これに拙い補足を加えるなら，クンマーは代数体で整数の素元分解ができなくなるのは「素元が足りないからだ」と考え，理想数を導入してその不足を補ったのです．例えば $6 = 2 \times 3 = (1+\sqrt{-5})(1-\sqrt{-5})$ を見て「にっちもさっちも行かなくなった」と思うのではなく，「この分解はまだ完全ではない」と考えるのです．高木先生の『初等整数論講義』はこの部分を次のように解説しています．

Kummer は大胆な着想によってこの困難な局面を打開することを試みた．彼は

$$6 = 2 \cdot 3 = (1+\sqrt{5})(1-\sqrt{-5}) \tag{1}$$

$$21 = 3 \cdot 7 = (1+2\sqrt{-5})(1-\sqrt{-5})$$
$$= (4+\sqrt{-5})(1-\sqrt{-5}) \tag{2}$$

の如き分解はまだ分解の終局に達しているのではないことを看破して，いわゆる「理想的の数」(Ideal number) の理論を組み立てたのである．この理論は，はなはだ複雑で，簡単に説明する

[※4] フッ素の例えは [K-3] にもある．

ことができないけれども，その帰結だけをいうならば，Kummer
によれば，A, B, B', C, C' という「理想的の数」があって

$$2 = A', 1+\sqrt{-5} = AB, 1-\sqrt{-5} = AB',$$
$$3 = BB', 1+2\sqrt{-5} = B'C, 1-2\sqrt{-5} = BC',$$
$$7 = CC', 4+\sqrt{-5} = BC, 4-\sqrt{-5} = B'C'$$

のような分解が行われる．したがって上記 (1), (2) は最終の分
解ではなくて，

$$6 = (A^2)(BB') = (AB)(AB'),$$
$$21 = (BB')(CC') = (BC)(B'C') = (BC')(B'C)$$

の程度の分解であるというのである．

言い換えれば「仮想素因数分解」とでもいうべきものを，素因子
の個数を正確に計算する方法も含めて筋立て考える方法をクンマ
ーは発見したのでした．

クンマーはこの方法を積極的に応用し，1847 年の論文 [K-4] で
フェルマー予想がある条件をみたす多くの奇素数 n に対して正し
いことを証明しました※5．以前は方程式 $x^n+y^n=z^n$ が自然数解
を持たないような自然数 $n \geqq 3$ としては，$n=3$（フェルマー），
$n=4$（オイラー），$n=5$（ディリクレとルジャンドル），$n=7$
（ラメ）の 4 つしか知られていなかったわけですから，これは快挙
と言ってよいでしょう．

フェルマーの予想自体は珍種の問題に過ぎないかもしれません

※5 この証明が [He] の第一章の "Kummer, 1847" というタイトルの節に書かれて
いる．この条件とは，n がベルヌイ数 $B_2, B_4, \cdots, B_{n-3}$ を割らないことだが，これを
みたす n が無限にあるかどうかは現在も知られていない．

が，その解明のためにクンマーがひねり出した工夫は数学に新しい地平を開くことになりました．理想数がデデキントによりイデアルの導入につなげられたことは，近代代数学の形成に大きな影響を与えました．

▨ 理想数からイデアルへ ▨▨▨▨▨▨

理想数が最初に公表された [K-2] では，クンマーは導入の意義を説いた後，その具体的性質について次のように述べています．

理想因数は他の適当な理想因数と掛け合わされて，つねに実在の複素数を生ぜねばならない．理想因子の実在の複素数への合成といういまの問は，私がすでに得た結果に基づいて示すであろうように，たいへん興味深いものである．というのも，それは数論の最も重要な部分と内的関連があるからである．この問に関する最も重要な結果は次の通りである：

I．すべての理想複素数を実在化するのに必要かつ十分な有限確定個の理想因子がある．

II．各理想素数はある一定冪乗すると実在の複素数になるという性質をもつ．

足立恒雄訳 (cf. [A-2])[6]

理想数どうしの演算規則により実際はIIはIの帰結になります

---

[6] 番号 I，II は筆者による．

が，Ⅰにおける基本的な理想因子の個数にあたるものは，結局は
2次体の類数の一般化にあたります※7．これも $\mathbb{Z}[\alpha]$ で素因数分解
の一意性が成り立たない度合いを測る量になっています．Ⅱにお
ける冪乗の正確な値を求める公式もあります※8．

このように，一度は素因数分解の一意性が壊れたところから整
然とした新しい数の体系が作られ，その結果として有名な難問へ
の知見も得られたことから，この成功をもっと広げようという機
運が起こったのは当然でしょう．デデキント [D] はイデアルの概
念の導入によってクンマーの理論を平易化し，近代代数学発展の
基礎を築きました※9．これはディリクレの講義録の付録の第11章
に書かれたのですが，デデキントはそこで代数的整数の理論を文
字通り1から構築しました．以下ではそれを拾い読みしてみまし
ょう．

■ デデキントを読む

まずは印象的な冒頭部からです．

われわれがこれまでに**整数**といってきたのはもっぱら数たち
$0, \pm 1, \pm 2, \pm 3, \pm 4, \cdots$ のことで，それはすなわち数1に加法と
減法を繰り返し行なうことによって生ずる数たちである．これ

※7 これを円分体 $\mathbb{Q}(\alpha)$ の類数という．

※8 クンマーがどのような計算を経て理想数に達したかについては [A] に詳しい．

※9 旧東ドイツでは1981年にデデキントの生誕150年の記念切手が発行された．

らの数は加法，減法および乗法によってはそれら自身が再生される，いいかえるとどの二つの整数の和，差および積もまた整数である．しかし第四の基本演算すなわち除法によって，われわれは二つの整数の商としての**有理数**の概念への拡張に導かれる；明らかにこれらの有理数は四つの基本演算のすべてによってまたそれら自身が再生される．実数あるいは複素数のある一つの集合が，これらの四則によってまたそれ自身が再生されるという性質をもっているとき，われわれは今後これを**数体**あるいは単に一つの**体**という^{※10}；…

デデキントは上に続けて $\mathbb{Z}[\sqrt{-1}]$ における素元分解を，本書第3章におけるものと基本的には同様に，ディリクレの講義の初等的な部分を引用しながら証明しています．さらに，それに続けて平方剰余の相互法則（第一補充則）を援用して

※10 「体（Körper）」の呼称はここで初めて登場した．脚注には「この名称は，科学，幾何学あるいは人間の社会生活におけると同様に，なにかの意味で完成されていて，それが有機的な全体として自然に一つのものにまとまったという意味あいのものである．最初ゲッチンゲン講義（1857-1858）では，私は**有理領域**（rationale Gebiete）という言葉を使ったが，これはあまり感じがよくなかった.」とある．ちなみに体を英語で "field" と言うのは "body" が「死体」を連想させて感じが悪いからという説がある．現在，体と言うときは同様の四則演算を持つ一般の集合を指し，$\mathbb{C}$ に含まれる体を数体と言って区別する．時には乗法の交換法則が成り立たないものも含めるが，多くの場合はそれらを「非可換体」と言って区別し，体と言えば通常「（乗法の）単位元 1 を持つ可換体」を指す．二つの体 K_1 と K_2 の間に集合としての包含関係 $K_1 \subset K_2$ があり，K_1 における演算が K_2 におけるものと一致する時，K_1 は K_2 の**部分体**であると言い，K_2 は K_1 の**拡大体**であると言う．つまりデデキントの体は $\mathbb{C}$ の部分体である．

$4h+1$ の形の素数 p は互いに共役な二つのガウス素数の積となる

という基本的な結果[11] に証明を与えた後，相互法則を使わない次のような証明も記しています．

　平方剰余の理論の上記定理を仮定しないのなら，この結果はわれわれの複素整数論が少し進行すると次のようにして得られる．二つの複素整数[12] α, β が第三の整数 μ を**法**として**合同**であるとは，その差 $\alpha-\beta$ が μ で割り切れることとし，これを合同式 $\alpha \equiv \beta \ (\mathrm{mod}\,\mu)$ をもって示す．容易にわかるように有理整数[13] の合同に関する基本的諸定理は複素整数のときも成り立ち，また以前と同じように，法が複**素素数**のときの n 次合同式は n 個以上の非合同な根をもちえないこともでる．さて p が $4h+1$ の形の一つの自然数であれば，$p-1$ 次の合同式

$$\omega^{p-1} \equiv 1 \ (\mathrm{mod}\,p)$$

は少なくとも p 個の非合同な数 ω によって満足される．すなわち $\omega=\sqrt{-1}$ [14] および $\omega=1, 2, \cdots, (p-1)$ によって満足される．ゆえに法 p は複素素数ではありえないことになり，これから上記と同じ結果が得られる．

---

[11]　前回の定理1

[12]　ここではガウス整数のこと．

[13]　通常の整数を指す．

[14]　原文では i

　この証明で p がガウス素数かどうかを不定方程式の解の個数で判定していることは注目に値します．このようなところにも理想数の考え方の影響が現れているように思います．

　これだけの準備の後，話はイデアル論へとまっしぐらに進んでいきます．まさにデデキントの独壇場ですが，まず数の代わりに数の集合を考えることの利点が $\mathbb{Z}[\sqrt{-1}]$ を例にとって述べられます．ここでは久留島・オイラー関数の一般化として，関数 $\psi : \mathbb{Z}[\sqrt{-1}]\backslash\{0\} \to \mathbb{N}$ が

$$\psi(\mu) = \#\{\nu + \mu\mathbb{Z}[\sqrt{-1}] : \nu \text{ は } \mu \text{ と互いに素}\}$$

によって（ただしこのような記号は使わずに）導入され，μ が単数の時には $\psi(\mu) = 1$ であり，そうでなければ公式

$$\psi(\mu) = \mu\overline{\mu}\prod\left(1 - \frac{1}{\pi\overline{\pi}}\right)$$

（π は μ を割る本質的に異なる[15]すべての複素素数をわたる．）が成り立つことが示されます．ψ の性質として，μ_1, μ_2 が互いに素ならば $\psi(\mu_1\mu_2) = \psi(\mu_1)\psi(\mu_2)$ であることや

$$\sum \psi(\delta) = \mu\overline{\mu}$$

（δ は μ の本質的に異なるすべての約数をわたる．）の他，ω が μ と単数以外の共通因子を持たなければ

$$\omega^{\psi(\mu)} \equiv 1 \pmod{\mu} \quad (3)$$

であることが，一般的な理論を述べた後では読者の練習問題となることが予告されます．この下りなど，オイラーや久留島に是非見せたいところです[16]．この後で，ガウスに敬意を表するかのよ

---

[15]　互いに他の単数倍ではない

[16]　今日の文献ではこれを含むもっと一般的な公式をオイラーの公式と呼んでいる．

うに 2 次形式論にふれてから，θ を $\theta^2+5=0$ の一根としたとき $21=3\cdot 7=(1+2\theta)(1-2\theta)$ という二通りの既約元への分解が得られることが述べられ，クンマーの偉業に以下のように言及した後，話は一般的な代数的整数論の基礎へと進んでいきます．

　しかしながら，数学発展の歴史においてすでにしばしば同様の立場に立ちいたったことがあるように，ここでもまたこのほとんど克服しがたい困難さこそ，真に重大なる結果を生む大発見の源泉となったのである．事実**クンマー**はこの数の領域の研究に円周等分の問題を応用し，彼が**理想数**と名づけたところの新しい数たちを導入してこの領域が完成されれば，この領域においてもまた古いユークリッドの整除の法則が完全に実現されることを発見したのである．

これに続けて代数体と代数的整数が導入され，理想数の導入を基礎づける式が現実の数を使っても書けることが示された後でイデアルの概念が導入されます．イデアルの導入を宣言する次の文章は特に味わい深いものです．

　今後は**理想数**の導入は全然やめることにして，われわれの理論をほかの概念の下に，すなわち**イデアル**の概念の下に礎こうと思うが，これは理想的なものではなくて，ある特徴的性質をそなえた無限に多くの**現実の**数たちの成す一つの集合を意味するものである．

ちなみに，今日の数学においては対象はすべて集合として構成

されますが，ここを読んでわかるように，デデキントのイデアル論はそのさきがけとしても歴史的な意義があると考えられます^{※17}.

　デデキントのイデアルは代数的整数の集合なので常に $\mathbb{C}$ の部分集合ですが，より一般には，加法と乗法が乗法の交換律を除いた通常の演算規則をみたすように定められた集合を**環**と言い，環 $\mathcal{R}$ の部分集合 $\mathcal{I}$ で次の条件をみたすものを $\mathcal{R}$ の**イデアル**と呼んでいます.

1) $\mathcal{I} - \mathcal{I} := \{a - b ; a, b \in \mathcal{I}\} \subset \mathcal{I}$.

2) $\mathcal{I} \supset \{ab ; a \in \mathcal{R}, b \in \mathcal{I}\}$ かつ $\mathcal{I} \supset \{ab ; a \in \mathcal{I}, b \in \mathcal{R}\}$.

環 $\mathcal{R}$ とイデアル $\mathcal{I} \subset \mathcal{R}$ に対し，集合

$$\mathcal{R}/\mathcal{I} := \{a + \mathcal{I} ; a \in \mathcal{R}\} \quad (a + \mathcal{I} := \{a + b ; b \in \mathcal{I}\})$$

は $\mathcal{R}$ の演算を持ち込むことによって環になっています．これを $\mathcal{R}$ の $\mathcal{I}$ による**剰余環**と言います．これは合同式 $a \equiv b \pmod{p}$ の考えを一般化したものです.

　イデアル $\mathfrak{a}, \mathfrak{b} \subset \mathcal{R}$ の積を

$$\mathfrak{a}\mathfrak{b} := \{\sum a_i b_i \,(\text{有限和}) ; a_i \in \mathfrak{a}, b_i \in \mathfrak{b}\}$$

で定めると，素数の概念はイデアルに対して次のように一般化されます.

定義 1　$\mathcal{R}$ でも $\{0\}$ でもないイデアル $\mathfrak{p} \subset \mathcal{R}$ が
$$\mathfrak{a}\mathfrak{b} \subset \mathfrak{p} \Longrightarrow \mathfrak{a} \subset \mathfrak{p} \text{ または } \mathfrak{b} \subset \mathfrak{p}$$
をみたすとき，$\mathfrak{p}$ は $\mathcal{R}$ の**素イデアル**であるという.

　環 $\mathcal{R}$ が乗法の単位元を持ち乗法の交換律をみたすとき，$\mathcal{R}$ は

---

^{※17} ガウスの「剰余類」がこの考えに基づくものだったという指摘が [M] にある.

可換環であると言います．素イデアルの定義から次は明らかでしょう．

命題1 可換環 $\mathcal{R}$ のイデアル $\mathfrak{a}\,(\neq\{0\},\mathcal{R})$ が素イデアルであることと，剰余環 $\mathcal{R}/\mathfrak{a}$ が整域であることは同値である．

$\mathbb{Z}$ や $\mathbb{Z}[\sqrt{-1}\,]$ における素因数分解の存在と一意性は，任意の代数的数 α に対し，環 $\mathfrak{o}=\mathcal{O}_{\mathbb{Q}(\alpha)}$ におけるイデアルの素イデアルの積への分解へとそのまま一般化されます．すなわち次が成立します．

定理1 $\mathfrak{o}$ のイデアル $\mathfrak{a}\,(\neq\{0\})$ に対し有限個の素イデアル $\mathfrak{p}_1,\cdots,\mathfrak{p}_m$ と自然数 $e_1,\cdots,e_m$ が存在して $\mathfrak{a}=\mathfrak{p}_1^{e_1}\cdots\mathfrak{p}_m^{e_m}$ が成立し，この表し方は $\mathfrak{p}_i$ の順序を除けば一意的である．

例. $\mathfrak{p}=\{2(a+b\sqrt{-5}\,)+(1+\sqrt{-5}\,)(c+d\sqrt{-5}\,)\;;a,b,c,d\in\mathbb{Z}\}$
$(=\{2(a+b\sqrt{-5}\,)+(1-\sqrt{-5}\,)\;(c+d\sqrt{-5}\,);a,b,c,d\in\mathbb{Z}\})$ とおくと

$$\mathfrak{p}=\{2(a+b\sqrt{-5}\,)+(1-\sqrt{-5}\,)(1+d\sqrt{-5}\,);a,b,d\in\mathbb{Z}\}$$
$$=\{2(a+b\sqrt{-5}\,+1-\sqrt{-5}\;;a,b\in\mathbb{Z})\}$$
$$=\{2(a+b\sqrt{-5}\,)+1+\sqrt{-5}\;;a,b\in\mathbb{Z}\}$$
$$\Longrightarrow \mathfrak{p}^2=\{2(1+b\sqrt{-1}\,)\,;a,b\in\mathbb{Z}\}$$

という計算により $2\mathfrak{o}=\mathfrak{p}^2$ となります．$\mathfrak{o}/\mathfrak{p}=\{\mathfrak{p},1+\mathfrak{p}\}$ なので $\mathfrak{p}$ は素イデアルです．したがって，これが $\mathfrak{o}$ における 2 の理想数への分解を，デデキントに従ってイデアルの言葉で言い直したものになります．

同様に

$$\mathfrak{q} = \{3(a+b\sqrt{-5}) + (1+\sqrt{-5})(c+d\sqrt{-5}) \; ; a,b,c,d \in \mathbb{Z}\}$$

$$\mathfrak{r} = \{3(1+b\sqrt{-5}) + (1-\sqrt{-5})(c+d\sqrt{-5}) \; ; a,b,c,d \in \mathbb{Z}\}$$

と置けば 3 の分解 $3\mathfrak{o} = \mathfrak{q}\mathfrak{r}$ が得られます.

ちなみに,中国剰余定理も次の形で一般化されます.

> **定理 2**　$\mathfrak{o}$ のイデアル $\mathfrak{a}$ の相異なる素イデアルの冪積への分解
> $\mathfrak{p}_1^{e_1} \cdots \mathfrak{p}_m^{e_m}$ に対し,剰余環 $\mathfrak{o}/\mathfrak{a}$ から
> $$\mathfrak{o}/\mathfrak{p}_1^{e_1} \oplus \cdots \oplus \mathfrak{o}/\mathfrak{p}_m^{e_m} := \{(a_1, \cdots, a_m) \; ; a_i \in \mathfrak{o}/\mathfrak{p}_i^{e_i}\}$$
> への一対一の対応(写像)がある.

定理 1 を基礎にして,素数に関わる種々の問題が素イデアルの問題へと自然に拡張されますが,この定理の意味は整数論の範囲にとどまるものではなく,冪級数環や n 変数の多項式環

$$\mathbb{C}[X_1, X_2, \cdots, X_n] := \{F \; ; F(X_1, X_2, \cdots, X_n)$$

$$= \sum_{k=0}^{N} \sum_{|I|=k} c_I X^I, c_I \in \mathbb{C}, I = (i_1, i_2, \cdots, i_n) \in (\mathbb{Z}_+)^n,$$

$$N \in \mathbb{Z}_+\} \text{ ただし } |I| := \sum_{\mu=1}^{n} i_\mu$$

などの構造をこの視点から解析することにより,複素解析や代数幾何学の堅固な基礎理論が確立されました.整数論固有の問題としては,素数 p がガウス素数とその共役の積に分解するための条件 $p \equiv 1 \pmod 4$ を一般化することや,平方剰余の相互法則の一般化が問題です.またこれに関連して素イデアルの分布の問題が生じ,ディリクレの算術級数定理の一般化や,それに伴って L 関数やリーマンのゼータ関数の一般化も問題になります.この先に秀麗な姿を表すのが高木類体論です.次回はそれが眺められるところまで進んでみましょう.

参考文献

［A］足立恒雄 フェルマーの大定理 整数論の源流 ちくま学芸文庫　2006．

［A-M］足立 恒雄・三宅 克哉 類体論講義（日評数学選書）日本評論社　1998．

［C］カントル 超限集合論（現代数学の系譜 8）G.CANTOR（著），吉田 洋一（監修，監修），共立出版 1979．

［D］ディリクレ・デデキント 整数論講義（現代数学の系譜 5）P.G.L.DIRICHLET（著），J.W.R.DEDEKIND（著），吉田 洋一（監修），正田 建次郎（監修），酒井 孝一（翻訳）共立出版 1970．

［He］Hellegouarch, Y., *Invitation to the Mathematics of Fermat-Wiles*, Academic Press 2002．

［H］Hilbert, D., *Bericht: Die Theorie der algebraischen Zahlkörper*, Jber. Deutchen Math.-Ver. 4 (1897), 175-546. Gesam. Abhandl. I, 63-363．

［K-1］Kummer, E.E., *De numeris complexis, qui radicibus unitatis et numeris integris realibus constant*, Gratulationschrift der Univ. Breslau zur Juberfeier der Univ. Königsberg; reprint, Journ. de Math., **12** (1847), 185-212．

［K-2］——, *Zur Theorie der complexen Zahlen*, Monatsber. Akad. Wiss. Berlin, 1846, 87-96; also Journ. für die reine. u. angew. Math. **35** (1847), 315-321．

［K-3］——, *Über die Zerlegung der aus Wurzeln der Einheit gebildeten complexen Zahlen in ihre Primfactoren*, Journ. für die reine u. angew. Math. **35** (1847), 327-367．

［K-4］——, *Beweis des Fermat'schen Satzes der Unmöglichkeit von $x^\lambda + y^\lambda = z^\lambda$ für eine unendliche Anzahl Primzahlen λ*, Monatsber. Akad. Wiss. Berlin (1847) 132-141, 305-319．

［K-5］——, *Collected Papers*, André Weil, ed., vol 1, Contributions to number theory, Springer, 1975．

［M］村田全　カントルの集合論形成のスケッチ - 科学図書館
http://fomalhautpsa.sakura.ne.jp cantor-menge-utf

クロネッカー青春の夢

奇素数 p について，不定方程式 $p = x^2 + y^2$ が解を持つための条件は $p \equiv 1 \pmod 4$ でしたが，オイラーはこれがさらに

$p = x^2 + 27y^2 \Longleftrightarrow$

$p \equiv 1 \pmod 3$ であり，かつ 2 は p を法とする立方剰余　（1）

$p = x^2 + 64y^2 \Longleftrightarrow$

$p \equiv 1 \pmod 4$ であり，かつ 2 は p を法とする 4 乗剰余　（2）

へと広がることを予想しました．ガウスは平方剰余の相互法則の証明を完成させた後，結果を立方剰余と 4 乗剰余へと拡張することにより，この問題を解決しました[※1]．その論文でガウスは

「双次残差の定理（平方剰余の相互法則）は，算術の分野が虚数に拡張された場合にのみ，最大の単純さと真の美しさで輝く.」

と述べています．[※2]

[※1] cf. ［C］.

[※2] この一言が整数論の以後の研究に与えた影響は想像に難くない.

　ガウスは 2 次体と円分体を中心に研究しましたが，そこにとどまらず，より一般的な法則を目指しました．つまり不定方程式が可解か否かを代数的整数の理論を用いて判定しようとしました．ディリクレはガウスの理論の平易化に努めると同時に解析的整数論を創始し，算術級数定埋と類数公式に L 関数を用いました．クンマーは円分体における素因数分解の法則を究めて理想数を導入し，それを用いて多くの素数に対してフェルマー予想が真であることを示しました．デデキントによるイデアルの概念の導入は理想数のアイディアを平易化し，その後の数学的対象の構成の模範にもなりました[※3]．

　このような仕組みを一般の代数体へと拡げて理解することがデデキント以後の整数論の大きな目標であり，そのためには体の拡大というものについて詳しい理論が必要になりました．その一例として予測されたものの中に，クロネッカーが 58 才のときにデデキントに書いた手紙の一節にある「クロネッカー青春の夢」があります．この問題は 1900 年にパリで開催された第 2 回国際数学者会議（ICM）でヒルベルト[※4] が提出した 23 題の問題[※5] のうちの第 12 番目（未解決）に含まれています．この問題について詳しく述べていくと類体論の姿が見えてきます．

[※3] イデアルの有効性の一端は，例えば (1) と (2) の拡張である

不定方程式 $p = x^2 + 5y^2$ が可解

$$\Longleftrightarrow p \equiv 1, 9 \pmod{20}$$

が $\mathcal{O}_{\mathbb{Q}(\sqrt{-5})}$ における p の素イデアル分解を使って示せるところにも現れている．

[※4] David Hilbert 1862-1943. ドイツの大数学者．現代数学の父とも呼ばれる．

[※5] 講演では 23 題の内 10 題（問題 1, 2, 6, 7, 8, 13, 16, 19, 21, 22）が公表され，残りは後で発表された．

■ アーベル拡大

クンマーの精神を受け継いだクロネッカーは，2次体と円分体の理論を拡張するための第一歩として，アーベルの関数論と方程式論を用いて拡大体の一般論を構築することを目指しました．$\mathbb{Q}$ の拡大体である代数体 $\mathbb{Q}(\alpha)$ $(\alpha \notin \mathbb{Q})$ は，平方因子を含まない1以外の整数 d に対して $\alpha = \sqrt{d}$ であるときに2次体となり，$\alpha^n = 1$ $(n \in \mathbb{N})$ となるときに円分体になります．$n = 3, 4$ のとき円分体 $\mathbb{Q}(\alpha)$ は2次体でもあります．このように，d が動くか n が動くかで $\mathbb{Q}$ の2種類の拡大が生じるわけですが，これらの間には注目すべき関係があります．例えば $n = 5$ のとき

$$\alpha^4 + \alpha^3 + \alpha^2 + \alpha + 1 = 0$$

ですが，これはいわゆる複2次式であり，

$$X^4 + X^3 + X^2 + X + 1 = 0$$
$$\iff X^2 + X + 1 + \frac{1}{X} + \frac{1}{X^2} = 0$$
$$\iff \left(X + \frac{1}{X}\right)^2 + \left(X + \frac{1}{X}\right) - 1 = 0$$

という計算で，α の値を2次方程式を2回解くことによって求めることができます．ガウスが発見した定規とコンパスによる正17角形の作図可能性はこれの延長上にあり，体の拡大の言葉で言い換えると円分体 $\mathbb{Q}(\zeta)$ $(\zeta^{17} = 1)$ が

$$
\begin{array}{ccccccccc}
& & \mathbb{Q}(x_1, x_2, y_1, y_2) & & & & & & \\
& \nearrow & & & & & & & \\
\mathbb{Q} \to \mathbb{Q}(x_1, x_2) & \to & \mathbb{Q}(x_1, x_2, y_1, y_3) & \to & \mathbb{Q}(z_1, z_2) & \to & \mathbb{Q}(\zeta) & & \\
& \searrow & & & & & & & \\
& & \mathbb{Q}(x_1, x_2, y_3, y_4) & & & & & &
\end{array}
\tag{3}
$$

のように次々に体の拡大をつなげて構成できることに対応しています[※6]. ただし x_1, x_2 は $X^2 + X - 4$ の根, y_1, y_2 は $X^2 - x_1 X - 1$ の根, y_3, y_4 は $X^2 - x_2 X - 1$ の根, z_1, z_2 は $X^2 - y_1 X + y_3$ の根であり, $\alpha + \bar{\alpha} = z_1$ となっています[※7].

(3) を一つのモデルとして, $\mathbb{Q}$ のどんな拡大体が円分体 $\mathbb{Q}(\zeta)$ の部分体ととして実現できるかを問うのは自然です. すなわち, 代数方程式 $f(\alpha) = 0$ ($f(X)$ は $\mathbb{Q}$ 係数の既約多項式) がどういう条件をみたせば代数体 $\mathbb{Q}(\alpha)$ が適当な円分体の部分体になるかということですが, クロネッカーは $f(X)$ の根 $\alpha_1, \alpha_2, \cdots, \alpha_m$ の置換

$$a_k \longrightarrow \alpha_{\sigma(k)} \ (\{1, 2, \cdots, m\} = \{\sigma(1), \sigma(2), \cdots, \sigma(m)\})$$

の, アーベルによって発見された条件に目を付けました. それは, $\mathbb{Q}(\alpha_1) = \mathbb{Q}(\alpha_2) = \cdots = \mathbb{Q}(\alpha_m)$ であり[※8], $\alpha_1 \longmapsto \alpha_{\sigma(1)}$ によって引き起こされる対応

$$\mathbb{Q}(\alpha_1) \ni \sum_{k=0}^{m-1} b_k \alpha_1^k \longmapsto \sum_{k=0}^{m-1} b_k \alpha_{\sigma(1)}^k \in \mathbb{Q}(\alpha_{\sigma(1)})$$
$$= \mathbb{Q}(\alpha_1) \ \ (b_k \in \mathbb{Q})$$

の集合を G_α としたとき, 写像の合成 $(f \circ g)(x) := f(g(x))$ に関する G_α 内の演算の可換性すなわち

[※6] $\mathbb{Q}(x_1, x_2)$ などの記号の意味は $\mathbb{Q}(\zeta)$ と同様で, $\mathbb{Q}$ を係数とする x_1, x_2 の有理式で表せる複素数全体等々.

[※7] 計算の詳細については [H-W] を参照.

[※8] 一般には $i \neq j$ なら $\mathbb{Q}(\alpha_i) \neq \mathbb{Q}(\alpha_j)$ である. 例えば $f(X) = X^3 - 2$ のとき, $\mathbb{Q}(2^{1/3}) \neq \mathbb{Q}(2^{1/3}\omega)$. $\beta := 2^{1/3} + \omega$ は $\mathbb{Z}$ 係数の 6 次方程式を満たし, その解 β_i ($1 \leq i \leq 6$) に対しては $\mathbb{Q}(\beta_i)$ はすべて等しいが, これらは $\mathbb{Q}$ のアーベル拡大ではない.

$$\tilde{\sigma}, \tilde{\tau} \in G_\alpha \Longrightarrow \tilde{\sigma} \circ \tilde{\tau} = \tilde{\tau} \circ \tilde{\sigma}$$

が成立するというものです．この条件がみたされるとき，$\mathbb{Q}(\alpha)$ は $\mathbb{Q}$ の**アーベル拡大**であると言います．一般の体についてもアーベル拡大は同様に定義されます[※9]．

アーベルは，5次方程式の解を表す一般的な公式が，四則演算と冪根をとる操作の組み合わせだけでは書けないことを証明しました．アーベル拡大の名はそこでの考え方にちなみます．$\mathbb{Q}(\sqrt{2})$ はアーベルの理論など必要のない簡単な体ですが，$\mathbb{Q}$ のアーベル拡大の例になっています．

以後，自然数 N に対し ζ_N で1の原始 N 乗根を表します．円分体 $\mathbb{Q}(\zeta_N)$ は $\#G_{\zeta_N} = \varphi(N)$ [※10] であるような $\mathbb{Q}$ のアーベル拡大になりますので，$\mathbb{Q}(\zeta_N)$ の部分体はすべて $\mathbb{Q}$ のアーベル拡大です．

クロネッカーはデデキントやウェーバー[※11]と連絡を取りながら研究を進め，次の結果に到達しました．

定理1（クロネッカー・ウェーバーの定理）

$\mathbb{Q}$ の任意のアーベル拡大体 K に対し，ある自然数 N が存在して $K \subset \mathbb{Q}(\zeta_N)$ となる．

[※9] 別の言い方では，L が K の拡大体であり，L の体自己同型で K の元を動かさないもの全体を G としたとき，G が合成に関して可換群（＝アーベル群）であり $K = \{\alpha \in L ; 任意の g \in G に対して g(\alpha) = \alpha\}$ となるとき，L は K のアーベル拡大であるという．

[※10] φ は久留島・オイラー関数

[※11] Heinrich Weber 1842-1913．ドイツの数学者

たとえば $\mathbb{Q}(\sqrt{2})$ の場合ですと $\sqrt{2}=\zeta_8+\zeta_8^{-1}$ なので $\mathbb{Q}(\sqrt{2})\subset\mathbb{Q}(\zeta_8)$ となります.

しかしクロネッカーを真に魅了した予想は円分体の先にありました. デデキントへの手紙に書かれていたのは次の文章です.

> それは我が愛する青春の夢です. つまり, 整係数アーベル方程式が円分方程式で尽くされるのと同様に, 有理数の平方根を係数に含むアーベル方程式が特異母数を持つ楕円函数の変換方程式で尽くされることの証明です[※ 12].

用語の説明を補いますと,「整係数アーベル方程式」は, 解による $\mathbb{Q}$ の拡大体がアーベル拡大になるものを言い,「円分方程式で尽くされる」は定理 1 の内容です[※ 13].「特異母数を持つ楕円函数の変換方程式」はひとまず円分方程式をやや一般化したものと思っておいてください.

さて, これに続けてクロネッカーが上で予想しているのは, 2 次体についても上と同様にアーベル拡大を考えたとき, それらが円分体の一般化にあたる特殊な方程式による拡大体に含まれるかということです. 別の言い方をすれば, 円分体は関数 $e^{\pi i z}$ の有理点における値を $\mathbb{Q}$ に添加して得られることから, 2 次体

[※ 12] レオポルト・クロネッカー, クロネッカー全集 第 5 巻, p.455; リヒャルト・デーデキントへの手紙 (1880 年) より (cf.https://ja.wikipedia.org/wiki/ ヒルベルトの第 12 問題)

[※ 13] X^N-1 のモニックな既約因子を円分多項式という. 円分体は円分多項式による $\mathbb{Q}$ の拡大体である.

の場合にもそれに応じた関数があって，その特殊値を付け加えることによって円分体に相当する「任意のアーベル拡大の入れ物」が作れるだろうということです[※14]．

　ここで特に注目すべきことは，特殊なアーベル拡大の具体的な構成を問題にすることにより，複素関数論のテーマである楕円関数が，代数的な体の拡大の理論に指数関数と同じ仕方で関わりだしたことです．ヒルベルトは 1900 年の ICM でこの問題を次のようにやや一般化して提出しましたが，そこでもこの視点が強調されています．

ヒルベルトの第 12 問題：クロネッカーの定理を，有理数体または虚 2 次体の代わりに，任意の代数体を取った場合に拡張すること．私はこの問題を，数および関数の，すべての理論の中で最も深く最も重要なものの一つと考える．この問題は，多くの側面から近づき得るように見える[※15]．

　この時点では，虚 2 次体上のアーベル拡大に対しては問題は未解決とされていました．高木貞治はこの問題に取り組み，$\mathbb{Q}(\sqrt{-1})$ 上の拡大については 1903 年の論文 [T-1] で解決しました．確かにこの論文の 17 ページ目には

[※14]　クロネッカーはこの関数として楕円関数（後出）を想定しているので，2 次体は虚 2 次体でなければならない．

[※15]　[H-2]．

　さてこの論文の目的とした点に到達した．すなわち次の言
明の証明である．
　ガウスの数体の任意のアーベル拡大はレムニスケート体[※16]
である．

とあります．詳細はさておき，これで次の問題が視界に入って
きました．

　アーベル拡大 $L \supset K$ について，K に応じて円分体やレムニ
スケート体と呼び方を変えるのではなく，K の取り方によらな
い条件によって，「L は K の（定理 1 の意味での）最大のアー
ベル拡大である．」という性質を特徴づけることはできないか．

　ヒルベルトの言う通りこの問題には多くの側面があります
が，高木先生の名著 [T-5] には，[T-1] を見据えた師弟の交流
が次のように書かれています．[※17]

　　私はヒルベルトの処へ行ったところが，「お前は代数体の整数
　論をやるというが，本当にやる積りか？」とえらく懐疑の眼を
　以て見られた．何分あの頃，代数的整数論などというものは，
　世界中でゲッチンゲン[※18]以外で殆ど遣って居なかったので
　あるから，東洋人などが，それを遣ろうなどとは，期待され
　なかったのに不思議はないのである．そこで僕が「やる積

[※16] 単位円周 $|z|=1$ の等分点 $e^{2\pi\sqrt{-1}m/n}$ $(m, n \in \mathbb{N})$ と，レムニスケート関数すなわ
ちレムニスケート $|z^2-1|=1$ の弧長の逆関数の形をした楕円関数の特種値（＝定義
域の等分点でとる値）を $\mathbb{Q}$ に添加した体の部分体

[※17] 最終講義の一部．

[※18] Göttingen（＝ゲッティンゲン）

りです」と言ったところが,「それでは代数函数は何で定まるか?」と早速口頭試問だ．即答ができないでいる裡に,「それはリイマン面[※19]で定まる」と先生が自答してしまった．成る程，それに相違ないから，私は「ヤアヤア[※20]」と応じたが，先生は，こいつはどうも怪しいものだと思ったろう．それからヒルベルトは，これから家へ帰るから，一緒に蹤いて来いといわれるので，蹤いていった．そこで私のやろうというのは，例の「クロネッカーの青春の夢」と謂われるものの中で,「基礎のフィールドがガウスの数体である場合，つまりレムニスケート函数の虚数乗法をやろう」と思うと言ったら,「それはいいだろう[※21]」といわれ，それから，今でもよく憶えているけれども，ウィルヘルム・ウェーバー町に曲がる所[※22]の街上で，ステッキでもって，こっちへ正方形を描き，こっちへ円を描いて，つまりレムニスケート函数を以て正方形を円の中へ等角写像をする図を描く，シュワル

※19 (= リーマン面)．独立変数 x と従属変数 y の間に $\mathbb{C}$ 係数多項式 $F \in \mathbb{C}[X,Y]\setminus\{0\}$ による関係式 $F(x,y)=0$ があるとき，y は x の代数関数であるという．代数関数はそのままでは一意対応の意味の関数ではないので，対応を一意化するために定義域を拡げる必要がある．その手続きを一般化して一定の幾何構造（等角構造または共形構造）を備えた曲面を考えたものがリーマン面である．任意のリーマン面上に非定数解析関数が存在するかどうかは非自明だったが，前世紀の半ばまでには，その肯定的な解決を含む堅固な基礎理論が確立された．

※20 Ja! Ja!（「その通りですね」という反応であろう.）

※21 Es gut! かと思われる．

※22 数学教室までは下り坂だったので，ヒルベルトは自転車で「登学」した．自転車を戻すのは助手の仕事だったという．

ツ[23] のヴェルケに載っている図[24] を描いたわけである.「お
前はシュワルツの処から来たのであるから,能く知っている
だろう」と,これも試問の続きだが,実はよくわかっていな
かった[25].

　では「本当に代数体の整数論をやった」高木先生が,類体論に
到達したときの様子を垣間見てみることにしましょう.

■■■ 虚数乗法と類体 ■■■■■■■■■■

　クロネッカーは,虚 2 次体の「よい拡大体」を生成するもの
は,「特異母数を持つ楕円函数の変換方程式」の解であろうと予
測しましたが,これはアーベルによる楕円関数の研究を踏まえ
ています.楕円関数とは,名前は楕円の弧長に由来しますが,
ガンマ関数 $\Gamma(x)$ と同様に $\sin x$ をもとに説明すれば,等式

$$(-\log \sin x)'' = \sum_{k \in \mathbb{Z}} \frac{1}{(x-k\pi)^2}$$

の変形として得られる

---

[23] Herman Amandus Schwarz 1843-1921. ドイツの数学者. 高木は 1898 年からの 1
年半をベルリンで過ごし,シュワルツに推薦状を書いてもらってゲッチンゲンに移った.

[24] 「ヴェルケ」は不明だが,この種の対応はシュワルツ・クリストフェルの公式の一例
として昔の複素関数論の教科書にはよく載っていた.

[25] よくわかっていなかったことがあったとしたら,ヒルベルト宛の推薦状で高木
がシュワルツに激賞されていたことくらいだろう.ヒルベルトがステッキで図を描い
たのは,この新弟子が実際にとびきり優秀であるのを知った嬉しさのあまりかもしれ
ない.

$$\sum_{(m,n)\in\mathbb{Z}^2\setminus\{(0,0)\}}\left\{(-\log(z-m-n\tau))''-\frac{1}{(m+n\tau)^2}\right\}+\frac{1}{z^2}$$

（ただし $\tau\notin\mathbb{R}$）

のような $\mathbb{C}$ 上の 2 重周期関数で，オイラーとルジャンドルによる定積分の研究の延長上でアーベルにより発見されたものです[※26]．レムニスケート関数はこの一種で $\tau=\sqrt{-1}$ の場合がこれにあたりますが，クロネッカーが言うのは一般に $\mathbb{Q}(\tau)$ が虚 2 次体になるときです．アーベルの研究により，虚数乗法という特別な対称性を持つ楕円関数 F の周期の集合が $\mathbb{Z}+\mathbb{Z}\tau$ であれば τ がある虚 2 次体に含まれることや，この場合に $F(z)$ の等分値 $F\left(\dfrac{m+n\tau}{N}\right)$ が $\mathbb{Q}(\tau)$ のアーベル拡大に含まれ，さらに τ における楕円モジュラー関数 $j(z)$[※27] の値が代数的であることが判明しました．そこでクロネッカーは逆に，任意の虚 2 次体上のアーベル拡大がこのようなもので尽くされるかどうか，要は非平方数にきれいな楕円関数をうまい具合に対応付けることができるかどうかを問題にしたのです．

ウェーバーは，この楕円関数を作る部分はさておき，虚数乗法により生ずる虚 2 次体のアーベル拡大体の性質をモデルにして，一般の代数体 K に対して特別な性質を持つ拡大体を導入しました．その存在をウェーバーは証明することができなかっ

[※26]　この発見が将来開くであろう世界も示した「超越関数の中の非常に拡張されたものの一般的な性質に関する論文」は，後代の数学者たちに 500 年分の仕事を残したと称えられた．

[※27]　$j(z)=1728\dfrac{g_2^3}{g_2^3-27g_3^2}$, $g_2=60\sum_{(m,n)\neq(0,0)}(m+nz)^{-4}$,

$g_3=140\sum_{(m,n)\neq(0,0)}(m+nz)^{-6}$ $(z\in\mathbb{C}\setminus\mathbb{R})$

たのですが，存在すると仮定すれば種々の注目すべき結果が導けることを示しました．例えば，素数の等分布則であるディリクレの算術級数定理の素イデアルの分布則への拡張などです（1897 年）．ヒルベルトは大論文 [H-1] でウェーバーの拡大体を**類体**（Klassenkörper）と名付け，続けて**絶対類体**というさらに性質の良い拡大体を導入しました．その主要な性質としてヒルベルトが挙げたのは，拡大体 L の整数環 $\mathcal{O}_L$ における $\mathcal{O}_K$ の素イデアルの分解が重複因子を持たない[※28] ということです．

　ヒルベルトの第 9 問題では代数体の高次の相互法則を証明することが目標とされていますが，これは [H-1] に裏付けられた構想で，そのため絶対類体の存在を求める問題と解釈されたようです．その事情は高木先生の話の中にも出て来ます．以下は前節の談話の続きです．

　　ヒルベルトは，類体は，不分岐だというのであるが，例の代数函数は何で定まるか，リイマン面で定まる —— という，そういうような立場から見るならば，不分岐というのは非常な意味をもつ．それが非常な意味をもつがごとくに，ヒルベルトは思っていたか，どうか知れないけれども，そんな風に私は思わされた．

高木先生よりやや年長であったフルトヴェングラー[※29] はヒルベルトの第 9 問題を「そんな風に」真正面に受け止め，論文

[※28] このとき L は K の**不分岐な**拡大体であるという．

[※29] Philipp Furtwängler, 1869-1940. ドイツの数学者．

[F] で絶対類体の存在を証明しました．その結果として次のことがわかったのですから，不分岐ということには実際にも大きな意味がありました．

定理 2（単項化定理）

代数体 L が K 上の絶対類体ならば，$\mathcal{O}_K$ の任意のイデアル $\mathfrak{a}$ はある $a \in \mathcal{O}_L$ に対して $\mathfrak{a} \cdot \mathcal{O}_L = a \cdot \mathcal{O}_L$ をみたす．

これはクンマーの理想数の理論の考えを受け継ぎながらも，理想数の「現実化」をデデキントとは違う方法で行っていることになります[※30]．

さて，[T-5] のクライマックスは次の部分です．

　そういう不分岐などいう条件を捨ててしまって，少しやってみると，今ハッセ[※31] なんかが，逆定理（ウムケール・ザッツ）と謂っている定理であるが，要するにアーベル体は類体なりということにぶつかった．当時これは，あまりに意外なことなので，それは当然間違っていると思うた．間違いだろうと思うから，何処が間違っているんだか，専らそれを探す．その頃は，少し神経衰弱に成りかかったような気がする．よく夢を見た．夢の裡で疑問が解けたと思って，起きてやってみると，まるで違っている．何が間違いか，実例を探して見ても，間違いの実

[※30] 高木は 1932 年にチューリッヒでの ICM に出席した際，ウィーンのフルトヴェングラー宅を訪問している（cf. [Hd]）．

[※31] Helmut Hasse 1898-1979．ドイツの数学者．

例が無い．大分長く間違いばかり探していたので，其の後理論が出来上がった後にも自信が無い．どこかに一寸でも間違いがあると，理論全体が，その蟻の穴から毀われてしまう．外の科学は知らないが，数学では「大体良さそうだ」では通用しない．特に近くにチェックする人が無いので自信が無かったが，漸くのこと 1920 年に，チェックされる機会が来た．

しかしこの機会というのはストラスブール[※32]で開かれた ICM で，戦争の影響でドイツからの参加者はほとんどなく，高木論文をチェックできる人もいなかったようです．とはいえ [T-5] によれば論文は直ちにヒルベルトに送られ，1921 年にはハンブルク大学でも読まれていました．「アーベル体は類体なり」を詳しく述べたのがこの論文の主定理です．クロネッカー青春の夢は結局この主定理の系として，次の形で解決されました[※33]．

> **定理 3** 虚 2 次体 K 上の任意のアーベル拡大体は，周期比 τ が K に含まれる楕円関数[※34] の等分値と，楕円モジュラー関数 $j(z)$ の τ における値 $j(\tau)$ および 1 の適当な冪根を K に添加した体に含まれる．

[※32] Strasbourg. フランスの都市だが 1918 年まではドイツ領の Strasburg（シュトラスブルク）だった．

[※33] Hasse の論説 [Ha] によれば，高木 [T-2] は「Weber とは異なるより適切な新しい類体の定義に基づいて，Kronecker が予想した「完全性定理」を完全に証明した」．

[※34] すでに述べたが $\tau = \sqrt{-1}$ のときがレムニスケート関数

　ヒルベルトの第9問題は [T-2] の続編である [T-3] とアルティン※35 の論文 [A-1, 2, 3] により部分的に解決されましたが，これは高木・アルティンの相互律の名で知られる記念すべき業績です．

　高木先生にとって整数論が何であったかは，名著『初等整数論講義』[T-4] の序文の中の次の文章が十二分に語っています．

　　整数論の方法は繊細である，小心である，その理想は玲瓏にして些の陰翳をも留めざる所にある．代数学でも，函数論でも，又は幾何学でも，整数論的の試練を経て始めて精妙の境地に入るのである．Gauss が整数論を数学中の数学と観じたる理由がここにある．

　ではこの辺で整数論から離れてエピローグに入り，ヒルベルトの23の問題の中で最も素朴な形をしたものが，「整数論的の試練を経て精妙の境地へと入った」例を眺めてみましょう．

参考文献

[A-1] Artin, E., *Über eine neue Art von L-Reihen*, Abhandlungen aus dem Mathematischen Seminar der Universit¥"at Hamburg **3**：(1924), 89-108; Collected Papers, Addison Wesley (1965), 105-124.

[A-2] ——, *Beweis des allgemeinen Reziprozitätsgesetzes*, Abhandlungen aus dem Mathematischen Seminar der Universität Hamburg **5**：(1927), 353-363; Collected Papers, 131-141.

[A-3] ——, *Idealklassen in Oberkörpern und allgemeines Reziprozitätsgesetzes*,

---

※35　Emil Artin 1898-1962．オーストリア出身のドイツの数学者．相互法則の一般化のため，高木より「さらに適切な」類体の定義を与えた．

Abhandlungen aus dem Mathematischen Seminar der Universität Hamburg 7:
(1930), 46-51; Collected Papers, 159-164.

[C] Cox, D.A., *Primes of the Form* $x^2 + ny^2$: *Fermat, Class Field Theory, and
Complex Multiplication* (Pure and Applied Mathematics: A Wiley Series of Texts,
Monographs and Tracts) 2013.

[F] Furtwängler, P., *Allgemeiner Existenzbeweis für den Klassenkörper eines beliebigen
algebraischen Zahlkörpers}*, Math. Ann. **63** (1907), 1-37.

[H-W] G.H. ハーディ（著），E.M. ライト（著）示野 信一（翻訳）数論入門 I（シュプリ
ンガー数学クラシックス 第 8 巻）2012.

[Ha] Hasse, H., *History of class field theory*, Algebraic number theory, ed. J.W.S.
Cassels and A.Frölich, Academic Press 1967. pp.266-279.

[H-1] Hilbert, D., *Bericht: Die Theorie der algebraischen Zahlkörper*, Jber. Deutschen
Math. -Ver.4 (1987), 175-546; Gesam. Abhandl. I, 63-363.

[H-2] ヒルベルト 数学の問題 - ヒルベルトの問題 - 増補版（現代数学の系譜）1969 D.
HILBERT（著），吉田 洋一（監修），正田 建次郎（監修），一松 信（翻訳）.

[Hd] 本田欣哉 高木貞治の生涯ーチューリッヒの宴 数学セミナー6月号 日本評論
社 1975.

[T-1] Takagi, T., *Über die im Bereiche der rationalen komplexen Zahlen Abelscher
Zahlkörper*, J.Coll.Sci.Tokyo **19** (1903), 1-42; Collected papers, 13-39.

[T-2] ――, *Ueber eine Theorie des relativ Abel'schen Körpers*, J.Coll.Sci.Tokyo **41**
(1920), 1-133; Collected Papers, 73-167.

[T-3] ――, *Über das Reciprocitätsgesetz in einem beliebigen algebraischen Zahlkörper*,
J.Coll.Sci.Tokyo **44** (1922), 1-50; Collected Papers, 179-216.

[T-4] 高木貞治 初等整数論講義 第 2 版 岩波書店 1971.

[T-5] 高木貞治 近世数学史談 岩波文庫 1995.

ガウスの不満

　ヒルベルトが1900年にパリのICMで提出した23の問題のうち，第9問題と第12問題は，ガウスによる2次形式の分類や円周の等分に端を発するスケールの大きい問題で，高木・アルティンの相互律へとつながりました．これは不定方程式論に伴う数の体系の拡大に関するものでしたが，ヒルベルトの問題のうちには多面体の分割に関するものがあり，これもガウスの研究に由来します．最初にご紹介した毛利重能の割算書がリンゴの分割から始まっていましたので，最後の話はそれに合わせたいと思います[※1]．

　発端は多面体の体積の公式をめぐる素朴な問題です．多面体の体積と言えばまず角錐の体積についてですが，ユークリッド原論最終章の正多面体の理論の中に

角錐はそれと同じ底面および等しい高さをもつ角柱の3分の1である

[※1] 以下の話は2017年3月の名古屋大学での講演に基づく．[Oh-2]はその要約にあたる．

という，よく知られた命題があります．これは「三角柱は（体積
の）等しい三つの角錐に分けられる」という定理の系として書かれ
ています．この定理の証明を図示したのが図1ですが，詳しくは
その前の

**同じ高さをもち三角形を底面とする角錐は互いに底面に比
例する**

が必要で，その証明は図2で示された分割による「取り尽くし法」
によっています[※2]．

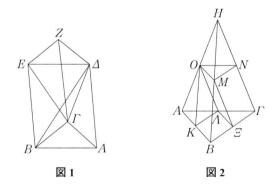

図1　　　　　図2

取り尽くし法は微積分法の走りであり，求めたい数値を上下から
うまく近似して「はさみうちの原理」で求める方法です[※3]．三角錐
の場合，図2が示しているのは二つの角柱と二つの三角錐への分
割で，原論では角柱部分が角錐部分以上であることをふまえて取

[※2]　図 1,2 は［E］のものを用いた．

[※3]　アルキメデス（Archimedes BC287?-212. 古代ギリシアの数学者, 物理学者, 技術者,
発明家，天文学者）が放物線の切片の面積を求めた方法としても有名（cf.［T］）．

り尽くし法が適用されます.

　図形の分割が体積の公式を導く手段として有効であることは，洋の東西を問わず古くから知られており，中国の「九章算術」にも，角錐の形を限ってではありますが似た記述があることが知られています (cf. [K]).

　もっとも，体積比が相似比の 3 乗であることを認めてしまえば，三角錐の体積は図 2 を使って次のように簡単に求まります[※4].

　　三角錐 $H - AB\Gamma$ の高さを h，底面積を S，体積を V とすれば

　　角柱 $OMN - \Lambda\Xi\Gamma$ の体積 $= \dfrac{S}{4} \times \dfrac{h}{2} = \dfrac{Sh}{8}$

　　角柱 $OK\Lambda - MB\Xi$ の体積

　　　　$= \dfrac{S}{2} \times \dfrac{h}{2} \div 2 = \dfrac{Sh}{8}$

　　三角錐 $H - OMN, O - AK\Lambda$ の体積 $= \dfrac{V}{8} \Rightarrow$

　　　$V = \dfrac{Sh}{8} + \dfrac{Sh}{8} + \dfrac{V}{8} \times 2 \Rightarrow V = \dfrac{Sh}{3}.$

　この種の代数的計算による方法はユークリッドの時代には見られないようですが，少し後に球の表面積を求めたアルキメデスは知っていたように思います.

　さて，平面図形の場合，たとえば三角形の面積が「底辺×高さ÷2」であることは，互いに合同な二つの三角形をつなげて平行四辺形が作れることからもわかります. 面積が体積に比べて易しい

[※4] cf. [Oh-1].

のは当然としても，次の定理にはちょっとした爽快感があります．

定理 1（ウォレス[※5]・ボヤイ[※6]・ゲルヴィン[※7]の定理）

　面積の等しい二つの多角形 A, B に対し，A を有限個の線分
に沿って分割して組みなおすことで，B と合同な図形を作るこ
とができる．

　一般に，多角形（または多面体）A をこの意味で（多面体の場
合は平面に沿って）有限回分割し組み直して多角形（または多面
体）B ができるとき，A と B は（互いに）**分割合同である**と言い
ます．

　ガウスの親しい弟子であったゲーリング[※8]は，ガウスへの手
紙[※9]で任意の多面体はその鏡映像と分割合同であることを注意し
ました[※10]．これはガウスから「合同でない二つの立体の等積性が，
対称性の高い場合でさえ取り尽くし法を使わないと示せないこと

[※5]　W. Wallace, 1768-1843. スコットランドの数学者．

[※6]　F. Bolyai,1775-1856. ハンガリーの数学者（非ユークリッド幾何を発見した J.
Bolyai（1802-60）の父）．

[※7]　P. Gerwien,1815-58. ドイツの数学者．

[※8]　C. L. Gerling, 1788-186. ドイツの数学者で物理学と天文学の業績でも知られる．

[※9]　ガウス全集　第 8 巻　pp. 242 〜 243　（1844/4/15）．

[※10]　cf. Izidor Hafner "Gerling's 12-Piece Dissection of an Irregular Tetrahedron into
Its Mirror Image"
http://demonstrations.wolfram.com/Gerlings 12 Piece Dissection Of An Irregular
Tetrahedron Into Its Mirr/
Wolfram Demonstrations Project Published: March 7 2011.

は残念だ」とコメントされた[11] ことへの返事でした．ゲーリング
の答えに喜んだガウスはすぐ返事をし[12]，結果がさらに改良できる
であろうことを示唆しています．しかしガウスはすでに 67 歳であ
り，「目下のところこのテーマをさらに追求する閑暇を持たない」と
書いたきり，この話題には戻らなかったようです．

■ ヒルベルトの第 3 問題とデーン不変量 ■

　二つの多面体が等積でありさえすれば分割合同になるとは考え
にくいので，そうならないことの証明が試みられました．1896 年，
ブリカール[13] は等積な立方体と正四面体が分割合同でないことを
主張する論文 [B] を発表しましたが，証明は不完全でした．そこ
で当時の指導的な数学者であったヒルベルトもこれに関心を示し，
1900 年の ICM で

**等高等底面積の二つの四面体で，互いに分割合同でないも
のがあるか**

という問題を提出しました[14]．ところがこれはヒルベルトの指導で
学位を取ったばかりのデーン[15] によって即座に解決されました．

---

[11]　ガウス全集　第 8 巻　pp. 241 ～ 242 (4/08)

[12]　ガウス全集　第 8 巻　p.244 (4/17)

[13]　R, Bricard, 1870-1943. フランスの工学者

[14]　ヒルベルトの第 3 問題．

[15]　M. Dehn, 1878-1952. ユダヤ人であったため，1939 年に失職後，シベリア・神
戸経由でアメリカに移住し，晩年を小さな大学で過ごした．

それはヒルベルトが報告集のための原稿を提出する前でした^{※16}.
デーンはブリカールによる上の主張に完全な証明を与えたのでし
たが, 一口で言うなら, 多面体全体がなす集合から実数を拡げて
作ったある集合 S への写像 D を, 互いに分割合同な P, Q に対
してはつねに $D(P) = D(Q)$ が成り立つように, しかも P, Q とし
てそれぞれ等積な立方体と正四面体をとったとき $D(P) \neq D(Q)$ と
なるように作ったのです. そのためには S に適当な演算規則を入
れておき, 多面体の分割が D によってその規則と「両立する」よ
うにします. その要点を [C] に沿ってかいつまんで述べてみまし
ょう.

　集合 S は二つの「加法群」の「テンソル積」として作ります. ま
ず**加法群**について, これは前回アーベル拡大のところで述べたア
ーベル群のことですが, 文脈や記号が違うので念のため復習して
おきます. これは一つの集合 G に, 結合律と交換律を満たす二項
演算「$G \times G \ni (a, b) \longmapsto a + b \in G$」が, 単位元 0 (すべての $a \in G$
に対し $a + 0 = a$) と逆元 $-a$ $(a + (-a) = 0)$ の存在をこめて与えら
れたものを言います. 加法群 G の部分集合 G' が**部分群**であると
は,「$a, b \in G' \Rightarrow a - b (:= a + (-b)) \in G'$」が成立することを言い
ます. このとき

$$G/G' = \{\{g + g' ; g' \in G'\} ; g \in G\}$$

とおきますと, G/G' は自然に加法群の構造を持っています. こ
れを G の G' による**商群** (または**剰余群**) と呼びます. この構
成は環のイデアルによる剰余環の構成と同様です. G/G' の元
$\{g + g' ; g' \in G'\}$ を $g + G'$ で表します. 整数全体の集合 $\mathbb{Z}$ や実数

※16　この仕事はデーンの教授資格論文 (Habilitationsschrift) として提出された.

全体の集合は，通常の加法に関して加法群の例になっています.

二つの加法群 G, H に対し，$G \times H$ を一旦は単なる集合としての直積とみなし，その要素の $\mathbb{Z}$ 係数の形式的な線形結合全体のなす集合

$$G \times_{\mathbb{Z}} H = \left\{ \sum_{i=1}^{m} k_i u_i \, ; u_i \in G \times H, k_i \in \mathbb{Z}, m \in \mathbb{N} \right\}$$

に加法を自然に拡張して 0 を単位元とする加法群と考えます[※17].
$G \times_{\mathbb{Z}} H$ の部分集合 $\mathcal{K}_1 = \{(g, h) + (g', h) - (g + g', h) \, ; \, g, g' \in G, h \in H\}$ および $\mathcal{K}_2 = \{(g, h) + (g, h') - (g, h + h') \, ; \, g \in G, h, h' \in H\}$ で生成される部分群

$$\mathcal{K} = \{ \sum v_i + \sum w_j \, ; v_i \in \mathcal{K}_1, w_j \in \mathcal{K}_2 \}$$

を作り，G と H の**テンソル積** $G \otimes_{\mathbb{Z}} H$ を $(G \times_{\mathbb{Z}} H)/\mathcal{K}$ で定めます. $g \in G, h \in H$ に対し $(g, h) + \mathcal{K}$ を $g \otimes h$ で表します. 要は G の元 u と H の元 v の形式的な積 $u \otimes v$ とそれらの有限和の形をしたもののなす加法群を，積 $\otimes$ に関する分配律が成り立つように作ったものが $G \otimes_{\mathbb{Z}} H$ です.

さて，上の S としてデーンが採用したのは $\mathbb{R} \otimes_{\mathbb{Z}} (\mathbb{R}/\pi\mathbb{Z})$ です. ただし π は円周率で，$\pi\mathbb{Z} = \{\pi k \, ; k \in \mathbb{Z}\}$ とおきます. 多面体 P に対する $D(P)$ の値としては，P の辺 L_i （$i = 1, 2, \cdots, r$）の長さを $|L_i|$ で表し，L_i で接する二面のなす角を $\theta_i \, (0 < \theta_i < 2\pi)$ として

$$D(P) = \sum_{i=1}^{r} |L_i| \otimes (\theta_i + \pi\mathbb{Z})$$

とおきます. これはこんにち P の**デーン不変量**と呼ばれています.

[※17]　$0 \cdot u$ は 0 と同一視する.

デーン不変量が P の分割の仕方によらないことは，P を P_1 と
P_2 へと分割したときに

$$D(P_1) + D(P_2) = D(P)$$

であることから従います．これが成り立つように D を定義してい
るのだいうことは，図を書くなどして納得していただければと思
います※18.

P が立方体ならば θ_i はすべて $\frac{\pi}{2}$ ですから，$D(P)$ は $a \otimes \frac{\pi}{2}$ の
形になりますが，$\mathbb{R} \otimes_{\mathbb{Z}} (\mathbb{R}/\pi\mathbb{Z})$ 内では

$$\begin{aligned} a \otimes \frac{\pi}{2} &= \left(\frac{a}{2} + \frac{a}{2}\right) \otimes \frac{\pi}{2} \\ &= \frac{a}{2} \otimes \frac{\pi}{2} + \frac{a}{2} \otimes \frac{\pi}{2} = \frac{a}{2} \otimes \left(\frac{\pi}{2} + \frac{\pi}{2}\right) \\ &= \frac{a}{2} \otimes \pi = 0 \end{aligned}$$

という式変形により $D(P) = 0$ が導けます．

辺長が 1 の正四面体 T に対しては

$$\begin{cases} D(T) = 6 \otimes \delta \\ \cos \delta = \frac{1}{3} \end{cases}$$

が成り立ち，ここから $D(T) \neq 0$ であることが従います．実際，
上の式変形からもわかるように $\mathbb{R} \otimes_{\mathbb{Z}} (\mathbb{R}/\pi\mathbb{Z})$ は $\mathbb{R} \otimes_{\mathbb{Z}} (\mathbb{R}/\pi\mathbb{Q})$ と自
然に同一視でき，従って

$$6 \otimes \delta = 0 \iff \delta \in \pi\mathbb{Q}$$

ですが，

$$\cos 2\delta = 2\cos^2 \delta - 1 = -\frac{7}{9},$$

※18 ［S］の解説にある図は参考になるだろう.

$$\cos 3\delta = \cos 2\delta \cos \delta - \sin 2\delta \sin \delta$$
$$= 2\cos 2\delta \cos \delta - \cos \delta = -\frac{23}{27}, \cdots$$
$$\cos(k+1)\delta = 2\cos k\delta \cos \delta - \cos(k-1)\delta$$
$$= \frac{A_{k+1}}{3^{k+1}} \quad (A_{k+1} \in \mathbb{Z} \setminus 3\mathbb{Z})$$

ですから $\delta \notin \pi\mathbb{Q}$ となり，従って $D(T) \neq 0$ となります．これにより，立方体と正四面体は互いに分割合同ではないと結論づけることができます．

　デーンのこの解答は見事と言うしかありませんが，ここには「等積な P, Q に対し $D(P) = D(Q)$ なら P と Q は分割合同であろうか」という新たな問題が潜んでいました．これは難問で，デーンの存命中には解決されず，やっと 1965 年になって答えが肯定的であることが判明しました．それは高次元空間の研究で有名なホップ[19] が興味を持ち，1943 年，弟子のシドラー[20] にこの研究を勧めたことがきっかけでした．学位を取得後，シドラーは大学の図書館司書として勤めながら余暇を利用して研究を進め，見事にホップ教授の期待に応えたました．ちなみにシドラーはこの業績によりデンマーク王立協会賞を受賞しています．そのポイントは基本的にはデーンの場合と同様で，やはり多面体の集合から形式和を経て一つの加法群を構成するところですが，残念ながら詳しくは述べられません．ただ，シドラーの証明の簡易化 [J] を経て書かれた [Du] には「ホモロジー消滅定理からシドラーの定理が従う」と書かれており，それに関連する式が図 2 に対応していること

---

[19]　H. Hopf, 1894-1971. スイスの数学者

[20]　J.-P. Sydler, 1921-88. スイスの数学者

だけは注意しておきたいと思います．

　ともあれ，最初はガウスが非常に素朴な疑問を発したところから，代数的整数論とは一味違う，しかし大いに代数学と関係を持つ数学が展開し，さらなる発展の余地を残しています．20 世紀末に急速に発展した結び目理論[21] でもこの種の代数学が活躍しています．デーンの以後の研究もこの方向に進み，トポロジーの分野で面白い展開を遂げました．最後にその一端に触れてみましょう．

▬▬ トポロジーの視点 ▬▬

　トポロジーは幾何学の一種です．これは図形を切り貼りせずにゴムの伸縮のように連続的に変形させても変わらない性質に焦点を当てた数学で，オイラーが 29 歳のときに解決した「ケーニヒスベルクの橋の問題」が起源であるとされています．街中の 7 つの橋をすべて一度ずつ渡る散歩コースが存在しないことをオイラーは示し，論文中にライプニッツの著作から取った「位置解析」（analysis situs）の語を使っています[22]．これは一筆書きの問題になります．和算の方でも「真元算法」（1845）という書物に「浪華二十八橋知恵渡」という同趣旨の問題があります[23]．

　オイラー以後，天文学をはじめ物理現象の解析に由来する方程式について，解の存在問題や定性的な性質を議論するときに，空

---

[21]　円周から空間 $\mathbb{R}^3$ への単射連続写像の像を $\mathbb{R}^3$ と組にしたものを $\mathbb{R}^3$ 内の**結び目**という．

[22]　詳しくは［Ma］の「付録 1」を参照．

[23]　著者は武田真元（?-1847）．これは長崎経由で伝わったのかもしれない．

間の一筆書き的性質の重要性が意識されるようになりました．その結果，本格的な位置解析の理論を目指してポアンカレ[※24]は**多様体のトポロジー**の理論を創出しました．この新理論は，1895年から1904年にかけてポアンカレの6篇の論文で展開されました．

　多様体とは，その二通りの定義でポアンカレの論文は始まっているのですが，点，曲線，曲面および（曲がった）空間という素朴な概念を，局所的に座標を貼り付けられる対象として一般化したものです．円や直線は1次元の多様体で，平面や球面は2次元の多様体です．ドーナツの表面もその一例です．3次元ですと，中身をつけたいくつかの多面体の面どうしを（頭の中で）隙間なくぴったりと貼り合わせて貼り残した面がないようにしたものになります．有限個の多面体からこのようにして作られる多様体を（3次元の）**閉多様体**と言います．関数や関数の組を使って物理法則による縛りを表したものが微分方程式ですが，各点の周りで解が得られたとしても，それらを無条件では全領域に接続できないことがあります．その障害に適切な表現を与えて分析しようとすれば空間の概念を一般化する必要があり，結局多様体上のトポロジーの問題に行きつきます．ポアンカレは太陽系の安定性の問題に由来する方程式の解の全域的な挙動の研究で新境地を開いた後，ベッチ[※25]の先行研究や関数論におけるリーマンのアイディアにヒントを得ながら，一般次元の多様体を導入してホモロジー理論という基礎を作りました．

　1904年，ポアンカレは一連の研究の結びとして

[※24]　H. Poincaré, 1854-1912. フランスの大数学者

[※25]　E. Betti,1823-92. イタリアの数学者

連結[26] かつ単連結な 3 次元閉多様体は 3 次元球面に同相か

という問題を提出しました．これが有名なポアンカレ予想であり，長年の重要な未解決問題の一つでしたが，2003 年にペレルマン[27]によって解決されました．

3 次元閉多様体は，どんな輪も連続的な変形で一点に収縮させることができるなら，あるいはもっと平たく言うなら，どんなに長い輪も全部手元に手繰り寄せられる場合には，通常の 3 次元空間に無限遠方の一点を加えたもの[28]であろう，というのがポアンカレ予想です．大まかには「連結」は全体が繋がっていることで，「単連結」は穴が空いていないということですが，これらを初めて明確な数学的概念として定義したのはポアンカレです．分割合同の問題で使われた「ホモロジー消滅定理」の考えも，元をたどればこのポアンカレの視点からのものです[29]．

---

[26] 多様体 X が連結：$\iff p,q \in X \Rightarrow$ 連続写像 $f:[0,1] \to X$ で $f(0)=p, f(1)=q$ をみたすものが存在する．

[27] G. Perelman, 1966 – ロシアの数学者

[28] m 次元球面 $:= \{(x_1,\cdots,x_{m+1}) \in \mathbb{R}^{m+1} ; x_1^2+\cdots+x_{m+1}^2=1\}$．1 次元球面が円周であり 2 次元球面が通常の球面であることはよいであろう．m 次元球面から一点を取り除いたものはトポロジー的には $\mathbb{R}^m$ である（以下の意味の同相）．

[29] 以下の説明は X は $\mathbb{R}^N$ の部分集合として表せるものに限るが，実際にはそのために一般性が損なわれることはない．

単連結：連続写像 $f:[0,1] \to X$ で $f(0)=f(1)$ をみたすもの（＝閉曲線）に対し，連続写像 $F:[0,1]\times[0,1] \to X$ で $F(0,t)=f(t), F(1,t)=f(0)$ $(t\in[0,1])$ をみたすものが存在する．（X 内のどのロープも手元に手繰り寄せることができる．）

同相：連続写像 $\varphi:X \to Y, \psi:Y \to X$ で $\psi \circ \varphi = id, \varphi \circ \psi = id$（$id$ は恒等写像）をみたすものが存在するとき，X と Y は（互いに）同相であるといい，φ, ψ は同相写像であるという．

　ポアンカレ以後，多様体のトポロジーの研究が盛んになりました．多くの数学者がポアンカレの予想に挑戦しました．デーンもここで大きな足跡を残しましたが，次は特に有名なものです．

定理 2（デーンの補題）

　円板 $\mathbb{D}$ から 3 次元多様体 X への連続写像 $f:\mathbb{D} \to X$ があり[※30]．f は $\partial\mathbb{D}$ から X への埋め込み[※31]であるとする．このとき $\partial\mathbb{D}$ 上で f に一致する $\mathbb{D}$ から X への埋め込みが存在する[※32]．

　デーンの補題は結び目の理論においても基本的です．筆者が初めて結び目の理論というものの存在を知った本 [C-F] には，1833 年のガウスの論文から 1964 年のミルナー[※33] の論文 [Ml] まで，デーンの論文 [D-1,2] を含むそれまでの結び目理論の展開が一望できる貴重な文献表がついています．[D-2] はその題「二つのクローバー結び目について」の通り，次の結果を示したものです．

[※30]　$\mathbb{D} = \{(x, y) \in \mathbb{R}^2 ; x^2 + y^2 \leqq 1\}$.

　　　$\partial\mathbb{D} = \{(x, y) ; x^2 + y^2 = 1\}$.

[※31]　像の上への同相写像．

[※32]　デーンは定理 2 を [D-1] で発表したが，1929 年にその証明が不完全であることが判明した．完全な証明はデーンの没後，1957 年にパパキリヤコプロス（C. Papa-kyriakopoulos, 1914-76. ギリシャ出身のアメリカの数学者）と本間龍夫（1926-2021. 日本の数学者）が独立に発表した（cf. [P], [H]）．

[※33]　J. Milnor 1931- . アメリカの数学者．フィールズ賞，ウルフ賞，アーベル賞を受賞した 5 人の数学者の一人

定理 3　次の二つの結び目は同値ではない.

図 3

　ただし二つの結び目 $K_1, K_2 \subset \mathbb{R}^3$ が互いに同値であるとは，一方を結び目のままで他方に連続的に変形できることをいいます．[C-F] には挙がっていませんが，デーンに先立ってガウスの弟子のリスティング[34] は，次の二つの結び目が同値であることを示していました (cf. [L])[35].

図 4

トポロジーという言葉はここで初めて使われたのでした.

　それから 200 年後，今日ではジョーンズ多項式というものによって多くの結び目が区別できるようになりました (cf. [Tn])．定理 3 もその意味では簡単な練習問題になっていますが，この基本的な事実の発見者としても，デーンの名は永く残るでしょう.

---

[34]　J.B.Listing, 1802-82. ドイツの物理学者

[35]　ガウスが結び目に興味を持ったのは電磁気学の研究がきっかけだった.

　最近では結び目と素数の間にある種の対応がつけられ，「数論的トポロジー」の話題が盛んになってきたようです[※36]．ここにも新しい割り算の話の種がありそうです．それについては筆者としてはしばらくの間他日を期さざるを得ませんが，新しい動きを楽しみに待ちたいと思います．

参考文献

［B］Bricard, R., *Sur une question de géometrie relative aux polyèdres*, Nouv. Ann. Math. **15**（1896），331-334．

［C］Cartier, P, *Décomposition des polyèdres: Le point sur le troisième problème de Hilbert*, Sém. Bourbaki 1984-85, 646 Astérisque **133-134**（1986），261-288．

［C-F］Crowell, R. and Fox, R., *Introduction to knot theory*, Dover books on mathematics 2008.（クロウェル・フォックス著　結び目理論入門　寺阪英孝　野口廣　訳　現代科学選書　岩波書店　1967）

［D-1］Dehn, M., *Über der Topologie des drei-dimensionalen Raumes*, Math. Ann. **69**（1910），137-168．

［D-2］――, *Die beiden Kleeblattschlingen*, Math. Ann. **75**（1914），402-413．

［Du］Dupont, J.-L., *Scissors congruences, group homology and characteristic classes*, Lecture notes from Nankai Institute of Mathematics, 1998, Nankai Tracts in Mathematics 1, World Scientific, Singapore, 2001．

［E］Euclid, ユークリッド原論　訳・解説　中村幸四郎，寺阪英孝，伊東俊太郎，池田美恵　共立出版　1971．

［H］Homma, T., *On Dehn's lemma for S^3*, Yokohama Math. J. **5**（1957），223-244．

［J］Jessen, B., *The algebra of polyhedra and the Dehn-Sydler theorem*, Math. Scand. **22**（1968），241-256．

［K］小林澄子　劉徽《九章算術注》巻第五　商功章：劉徽が示した2つの芻童公式の根源を探る　数学史の研究　京都大学数理解析研究所講究録　**1546**（2007），21-34．

［L］Listing, J.B., *Zur Vorstudien zur Topologie*, 1847．

［M］松阪和夫　集合・位相入門　岩波書店　1968．

［Ml］Milnor, J., *Most knots are wild*, Fund. Math. **54**（1964），335-338．

［Ma］松本幸夫　トポロジーへの誘い（新装版）多様体と次元をめぐって　日本評論社　2021

[※36]　cf. https://www.impan.pl/konferencje/bcc/2021/21-babysteps/slides/sikora.pdf

［Oh-1］大沢健夫　角錐の体積について　数学セミナー　（Note）1980　Vol. 7 p. 84.

［Oh-2］——, 角錐を解く（数学の小話）　大学への数学 6 月号　東京出版　2023

［P］Papakyriakopoulos, C., *On Dehn's lemma and the asphericy of knots*, Proc. Nat. Acad. **43** (1957), 169-172. Ann. of Math. **66** (1957), 1-26.

［S］杉浦光夫　ヒルベルト 23 の問題　日本評論社　1997.

［T］髙木貞治　定本　解析概論　岩波書店　2010.

［Tn］谷山公規　結び目理論：一般の位置から観るバシリエフ不変量（数学のかんどころ 41）共立出版　2023.

付録

　第5話の補足2では3乗数の和として二通り以上に表せる数が無限個存在することについて述べましたが，関連するやや詳しい話を [O–S] を元にご紹介します．

　第3話のハーディーとラマヌジャンの話は非常に有名で，このため1729はハーディー・ラマヌジャン数またはタクシー数と呼ばれています．ラマヌジャンのこのような異能ぶりを伝える話は多く，ハーディーの共同研究者であるリトルウッド[1]は「すべての数はラマヌジャンの親しい友人であった」とまで述べています．しかし実際には，当然のことながら，ラマヌジャンは等式

(1) $$1729 = 9^2 + 10^3 = 12^3 + 1^3$$

をその場の思い付きで言ったわけではなく，英国に来る前に既にこれを研究ノートに書いていたことが知られています．オイラーが研究した不定方程式

(2) $$X^3 + Y^3 = Z^3 + W^3$$

について，1913年にインド数学会誌に発表された論文 [R-1] には等式

---

[1]　J. E. Littlewood　1885–1977　英国の数学者

$$(6A^2-4AB+4B^2)^3=(3A^2+5AB-5B^2)^3$$
$$+(4A^2-4AB+6B^2)^3+(5A^2-5AB-3B^2)^3$$

が記されていますが，この式に $A=2, B=3$ を代入して 27 で割れば

$$12^3=(-1)^3+10^3+9^3$$

となります．研究ノートには (1) が

$$(M^7+3M^4(1+P)+M(3(1+P)^2-1))^3$$
$$+(2M^6-3M^3(1+2P)+(1+3P+3P^2))^3$$
$$+(M^6-(1+3P+3P^2))^3$$
$$=(M^7-3M^4P+M(3P^2-1))^3$$

の例としても書かれています．また，1915 年の論文 [R-2,3] では $X^3+Y^3+Z^3=U^6$ および $X^3+Y^3+Z^3=1$ の解について考察していますが，そこにも (1) が書かれています．

　ちなみに，数論の歴史を詳しく述べた [D] によれば，(1) はフレニクル・ド・ベシー[※2] が 1657 年にウォリスとフェルマーに宛てた手紙に書かれています．

　オイラーは (2) の一般解を求めていますが，ラマヌジャンの研究ノートにはそれと同等な

$$\alpha^2+\alpha\beta+\beta^2=3\lambda\gamma^2$$
$$\Longrightarrow(\alpha+\lambda^2\gamma)^3+(\lambda\beta+\gamma)^3=(\lambda\alpha+\gamma)^3+(\beta+\lambda^2\gamma)^3$$

が記されていて，専門家たちからは解の公式としてはこれが最も簡明であると評価されているそうです．

[※2] Frénicle de Bessy　1604-1674．フランスの数学者

ちなみに座標幾何（または解析幾何）的には（2）は3次曲面の方程式であり，複素数を座標にもつ空間内ではこの曲面が27本の直線を含むことは有名です．変数が4つで方程式が一つでも2次元の曲面と呼ぶのは，原点を含む直線の方向を約しているからです（これも割算）．

　以上は主に [O–S] によりましたが，そこではこの話に続けて，ラマヌジャンが今日理論物理でも重要視される K3 曲面を発見したことが記されています．

参考文献

[D] Dickson, L. E., *History of the Theory of Numbers, Volume II: Diophantine Analysis*, Dover Publications, Mineola, 2005.

[O-S] Ono, K. and Trebat-Leder, S., *The 1729 K3 surface*, Res. Number Theory (2016) 2:26.

[R-1] Ramanujan, S., *Question 441*, J.Indian Math. Soc. **5** (1913), page 39.

[R-2] ——, *Question 661*, J. Indian Math. Soc. **7** (1915), page 119.

[R-3] ——, *Question 681*, J. Indian Math. Soc. **7** (1915), page 13.

索 引

著者紹介：

大沢 健夫（おおさわ・たけお）

1978 年　京都大学理学研究科博士課程前期修了

1981 年　理学博士

1978 年より 1991 年まで　京都大学数理解析研究所助手，講師，助教
　　　　授をへて 1991 年より 1996 年まで名古屋大学理学部教授

1996 年から名古屋大学多元数理科学研究科教授

2017 年退職，名古屋大学名誉教授

2022 年　静岡大学理学部特任教授

専門分野は多変数複素解析

著　書：

『多変数複素解析 (増補版)』(岩波書店)

『複素解析幾何と $\bar{\partial}$ 方程式』(培風館)

『寄り道の多い数学』(岩波書店)

『大数学者の数学・岡潔　多変数関数論の建設』(現代数学社)

『現代複素解析への道標　レジェンドたちの射程』(現代数学社)

『関数論外伝—Bergman 核の 100 年—』(現代数学社)

孫子算経から高木類体論へ　　割算の余りの物語

2023 年 12 月 21 日　　初版第 1 刷発行

著　者　　大沢健夫

発行者　　富田　淳

発行所　　株式会社　現代数学社
　　　　　〒 606–8425 京都市左京区鹿ヶ谷西寺ノ前町 1
　　　　　TEL 075 (751) 0727　FAX 075 (744) 0906
　　　　　https://www.gensu.co.jp/

装　幀　　中西真一 (株式会社 CANVAS)

印刷・製本　　山代印刷株式会社

ISBN 978-4-7687-0623-7　　　　　　　　　　2023　Printed in Japan